智元微库
OPEN MIND

成 长 也 是 一 种 美 好

智慧外脑

成为一个善思、会学、能写的人

释若 著

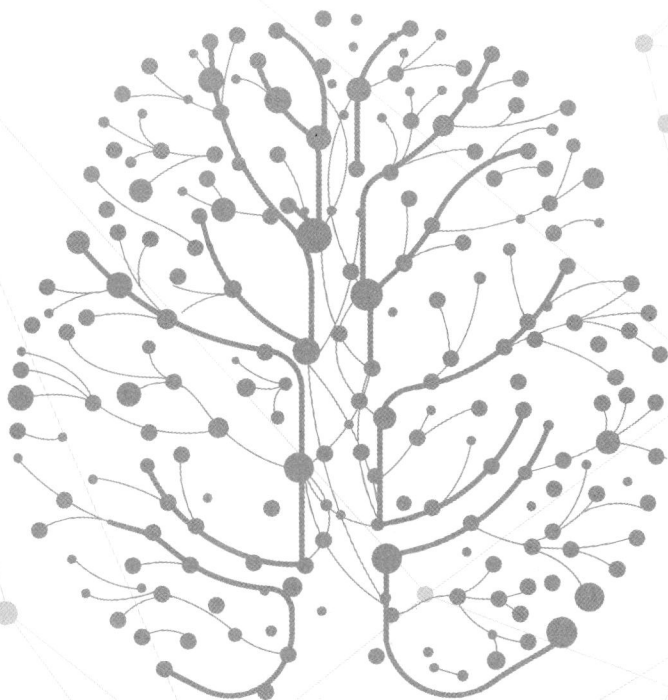

人民邮电出版社

北京

图书在版编目（ＣＩＰ）数据

智慧外脑：成为一个善思、会学、能写的人 / 释若
著. -- 北京：人民邮电出版社，2023.6
ISBN 978-7-115-61588-6

Ⅰ．①智… Ⅱ．①释… Ⅲ．①知识管理 Ⅳ.
①G302

中国国家版本馆CIP数据核字(2023)第071871号

◆ 著　释　若
　　责任编辑　刘艳静
　　责任印制　周昇亮
◆ **人民邮电出版社出版发行**　　北京市丰台区成寿寺路 11 号
　　邮编 100164　　电子邮件 315@ptpress.com.cn
　　网址 https://www.ptpress.com.cn
　　三河市中晟雅豪印务有限公司印刷
◆ 开本：720×960　1/16
　　印张：15.75　　　　　　　　　　　2023 年 6 月第 1 版
　　字数：170 千字　　　　　　　　　2023 年 6 月河北第 1 次印刷

定　价：79.80 元

读者服务热线：（010）81055522　印装质量热线：（010）81055316
反盗版热线：（010）81055315
广告经营许可证：京东市监广登字 20170147号

赞　　誉

在不确定时代，主动应对和提前准备变得越来越重要，要想从海量的信息中找到重要的知识，涌现出智慧，你就必须拥有一套系统。本书提供了一套新时代下的知识管理策略，系统整合度极高，适合每个知识工作者认真品味、用心尝试。

幸福进化俱乐部创始人、个人成长教练品牌课创始人　易仁永澄

本书为个人知识管理提供了一种全新的视角。个人可通过知识网格化管理，以使用知识为目标，构建以连接为中心的个人知识系统，并通过这个系统让知识发挥更大的作用，创造更多的人生机会。

知名自媒体（warfalcon）创始人、100 天行动发起人、时间管理专家　战隼

知识管理极具价值，成功者都有其知识管理的秘诀，外人很难知晓，而释若老师这本书，将给你知识管理的方法、模型，让你也可以管理好知识，跃迁成所在领域的成功者，值得所有想精进的人阅读。

《培训师思维》《五步成师》作者、培训师百晓生联盟创始人　李新海

我自 2014 年起一直致力于 Anki 在国内的普及和推广，《智慧外脑》是一本能够引导我们迈向高效学习的书，帮助我们学会运用各种学习方法和工具来提升学习效率，以及构建属于自己的知识体系。让我们一起借助这本书，提高学习能力，成为更好的自己。

Anki 中国站长　鸿鹄

我认识的释若，是一个特别会做知识管理、特别能写、特别喜欢分享干货的人。他在《智慧外脑》这本书中，用一个简单的"知识网格化管理模型"化解了构建个人知识体系的所有痛点和难点。

"一块写写"社群创始人　雪舞梅香

普通人要做好知识管理，千万不要成为工具控。释若提出的知识网格化管理模型，为你提供了一套优化学习模式的方法，让你用正确的思维去使用软件，生成一个高效且操作性强的个人知识网络，助力你打造支撑专业化成长的智慧外脑。

笔记工具爱好者　蚕子

推　荐　序

信息扑面而来，不及应对；记忆总不靠谱，随风消逝。相信很多读者都和我一样，面对过或正在面对这些令人烦恼的问题。在信息洪流滚滚的大数据时代，我们普通人，尤其是与知识打交道的人该如何做好应对呢？恐怕少不得做好"个人知识管理"这项工作。

释若的这本书，出版得非常及时。他非常精准地抓住了知识工作者的普遍痛点，用通俗的语言解释了很多认知科学和知识管理领域的精深理论。这样一来，原本仅仅在学术界交流探讨的新成果得以"破圈"，可以真正影响每一个人的日常知识管理应用。

许多概念与模型，原本是由高深莫测的术语阐述，但释若不仅把它们变成了通俗易懂的描述，而且使用了很多图形更进一步诠释了其机制与流程。曲线图、流程图、思维导图……"一幅图胜过千言万语"，诚哉斯言。你一眼看上去，很多困惑就会迎刃而解。书中以很多作者亲身经历的事件、打过交道的人物举例，既可以作为证据强化论证说服力，也可激励更多普通人使用合适的方法与工具，去获得原本不敢想象的成就。

我很欣赏释若提出的一个理念，即知识管理不应该是个苦差事。他举了某些人交押金进入打卡社群的例子。这种基于"惩罚规避"的做法看似对"拖延症"很管用，也确实让很多人在截止日期之前跌跌撞撞地完成了任务，但这个过程是痛苦的，它不仅剥夺了你在吸收、管理、应用和创造知识过程中本应有的快乐和成就感，更可能会让你陷入"假装努力"的境地。希望你读过本书第六章后，能找到更为合适的促发行动机制。

我尤其喜欢第七章，因为这里讲解了如何把书中讲到的理论和原则付诸实践，特别是通过常见的数字卡片笔记工具来践行。我不止一次给身边的小伙伴推荐 flomo，但他们总是很困惑—— 一款笔记应用软件，只有这么简单的功能，究竟能用它做什么？相信读完这一章，你就会明白为什么说它是"麻雀虽小、五脏俱全"，更期望你也能利用如此简单便捷的工具，达到快速记录、定期回顾和高密度输出的效果。

很多人喜欢探索工具，尤其喜欢 all in one（一体化），但是最终的结果往往事倍功半，大量的时间被虚掷。我觉得本书使用 flomo 等极简笔记工具做样例，恰恰证明了在理念方法得当的情况下，确乎可以达到"草木竹石，皆可为剑"的佳境。我特别喜欢书中的一句话："知识只有被使用才能产生价值，也只有在被使用的过程中，才能转化为常识或经验"。释若这本书，正是用书中为你介绍的方法与工具写就，这不便是最好的证明吗？

祝阅读愉快，每日精进。

王树义

天津师范大学副教授

公众号"玉树芝兰"主理人

致书友们的一封信（代序）
——15 分钟阅览本书

亲爱的书友：

你好！我是释若，非常感谢你阅读《智慧外脑：成为一个善思、会学、能写的人》。

这本书的使命是提出"知识网格化管理模型"，打破个人知识管理的 5 大桎梏：连接失效、存储无序、标签混乱、管理失配、复用困难，进而帮助你树立"用知识管理知识"的理念，认清使用知识是知识管理的本质，快速构建"以连接为中心"的个人知识系统，形成"以思考为旋涡"的个人知识网络。希望能帮助每一个普通人拥有洞见知识价值的能力，学会巧妙地使用知识管理软件，打造与个人价值追求紧密相连且能高效支持个人成长精进的智慧外脑。

图 0-1 是我用 Obsidian 生成的个人知识网络关系图谱。

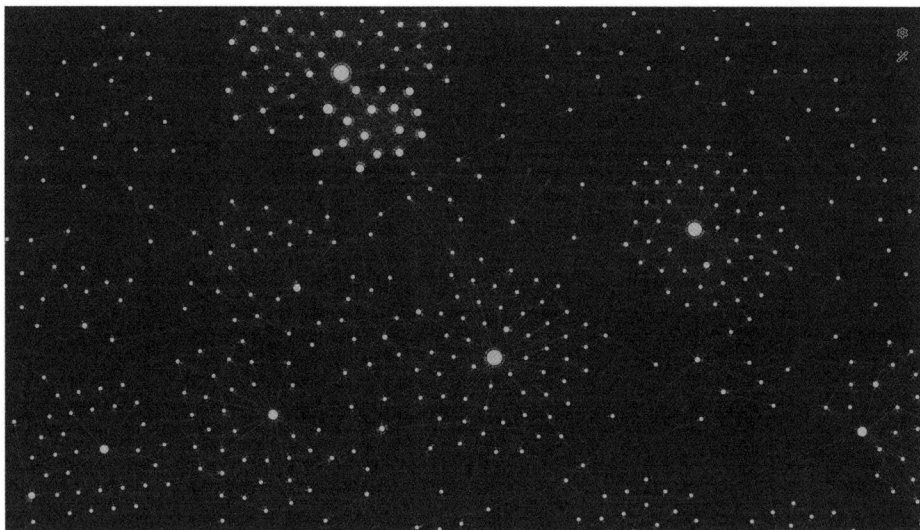

图 0-1　释若的个人知识网络关系图谱部分截图

如果你认同本书关于个人知识管理的底层逻辑和思考，并动手去实践，你也可以建立一个有用、管用、好用的个人知识体系。为提升你的阅读效率，便于你理解我的这套知识管理方法，快速进入使用知识的状态。我建议你在阅读第一章后，直接跳到第七章，然后边阅读边实操。

下面，为你介绍每章的核心要点。

● **第一章　知识网格化管理模型**　知识网格化管理可以实现个人知识分系统、分区块、分层次管理。知识网格化管理模式有 3 个核心关键词：规则、感知、智慧。规则即"用知识管理知识"，感知即"以连接为中心"，智慧即"以思考为旋涡"，如图 0-2 所示。

1.知识网格化从管理层次来看，从低到高分为"知识网格""知识系统""知识子网""知识网络"4 个层级。

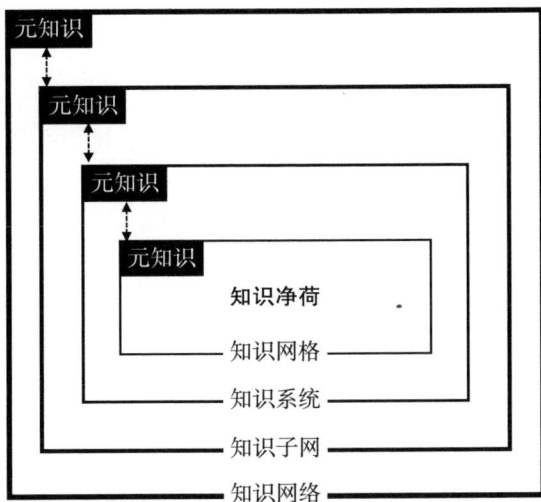

图 0-2　知识网格化管理模型

2. 知识网格是知识管理的一个基本单元，可以理解为一个存储知识的文档。我们提倡一个文档只存储一个独立的知识点，而不是一篇长文。当然，这可以根据个人习惯来决定，如果你喜欢把一篇包含若干知识点的长文存储在同一个文档中，也并不会违背知识网格化管理的理念，你还可以给不同的知识点添加元知识。每一个被独立元知识管理的知识点，均可视为创建了一个知识网格。为了在物理空间上区分网格的形式，这类网格称为虚网格，即仅在逻辑上存在的网格。

3. 知识网格的 3 个核心要素是知识净荷、元知识、连接线。知识点之间、知识系统之间、知识子网之间均通过元知识产生连接，从而实现用知识管理知识的目标。其中，知识净荷是你存放在文档中的知识信息；元知识是管理知识的知识，例如标签、文档标题、摘要、应用提示、知识来源等；连接线是指建立知识之间连接的元素，其核心是在认知上形成正确的连接逻辑。

4. 知识系统用于管理垂直知识，比如把学习一门课程、写一篇文章、阅读一本书视为一个知识系统。我们把相关的知识点分别存储在不同的网格中，再建立知识网格之间的连接，就形成了一个知识系统。

5. 知识子网用于管理区块知识，即为同一个领域的知识系统建立连接。比如，你想成为一名图书博主，开一家线上书店，你需要掌握阅读技巧、讲书能力、带货运营等知识。你围绕如何当好图书博主这个主题，学习了很多知识，形成了若干个知识系统，它们之间建立连接后，就构建了一个以"图书博主"为主题的知识子网。

6. 知识网络用于管理你的全域知识，即建立不同知识子网之间的连接。通过拓展认知边界，让你拥有跨领域建立知识连接的能力，例如将体育竞技中的方法用于激励孩子爱上学习。

● **第二章　知识网格化管理的效能**　个人知识管理的要求是"学以致用"，本章结合第一章提出的个人知识管理 5 大桎梏，阐述了使用知识网格化管理的 5 大效能：精准适配、快速连接、高效复用、随时共享、长期受益。

1. 精准适配。知识的精准适配，重点是实现知识信息的"存 - 用"适配，主要分为前适配和后适配两种情况，如图 0-3 所示。

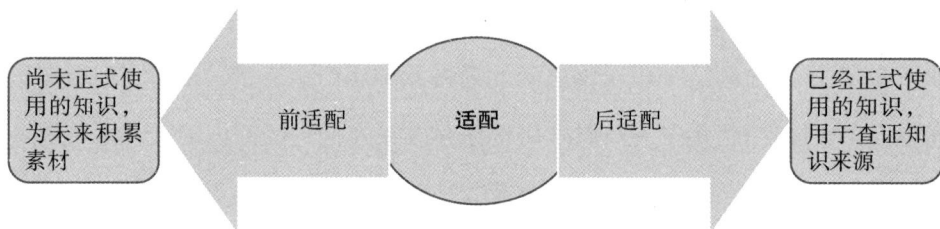

图 0-3　知识精准适配的主要用途

2.有效连接。知识的连接，从知识的规范管理角度讲，由元知识体系决定；从知识的认知逻辑角度讲，由个人串接知识的能力决定。知识网格化管理可设置"永久连接、软永久连接、交换连接"3种关系属性，实现知识连接规范管理、快速调取、有效连接，如图0-4所示。

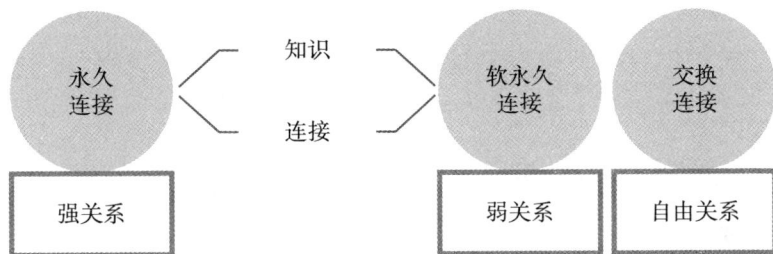

图 0-4　知识连接的 3 种关系属性

永久连接是指知识点之间具有某种强关系，同一个学科、同一本书、同一门课程的知识点之间通常存在强关系。通常，同一个知识系统内的知识点，均应建立永久连接关系，这就相当于设置了一种无条件连接关系。软永久连接是指知识点之间存在某种弱关系，必须以"事"为连接基础，有"事"就建立连接，"事"了之后则释放连接，或只在知识管理软件中保持物理连接。交换连接是指知识点之间具备自由适配关系，适用于跨子网连接知识。从理论上讲，任何知识之间都可以发生关联，能否让知识网络内的知识点产生有效连接，取决于个人应用知识的认知和智慧。

3.高效复用。知识网格化的三要素之一"元知识"，通常是具有高度总结性质的关键词。本书提供的"关键词创作法"，是利用元知识实现高效复用知识的一种方式。

4.随时共享。使知识发挥价值的诀窍在于两点，一是信息差，二是分享。在过去，谁能抢占信息差优势，谁就可以从众人中脱颖而出。随着自媒体平台的兴起，知识的共享生态日趋完善，当下的引流密码是"分享知识"。本书提供了获取知识红利的 3 个层次："博学型""专家型""知识搬运工"。只要结合自己的当下实际做好定位，就能通过分享知识获利。

5. 长期受益。如何用碎片知识成就学习力？知识网格化管理，以特定的结构存储知识，以创新为主导的逻辑连接知识，本质是将知识简单化，有助于提升学习力。本书提供了考察个人学习力的 4 项指标：知识总量、知识质量、知识流量和知识增量，分别代表了个人学习的广度、学习的深度、对待新知识的学习态度和应用知识的创新度，如图 0-5 所示。

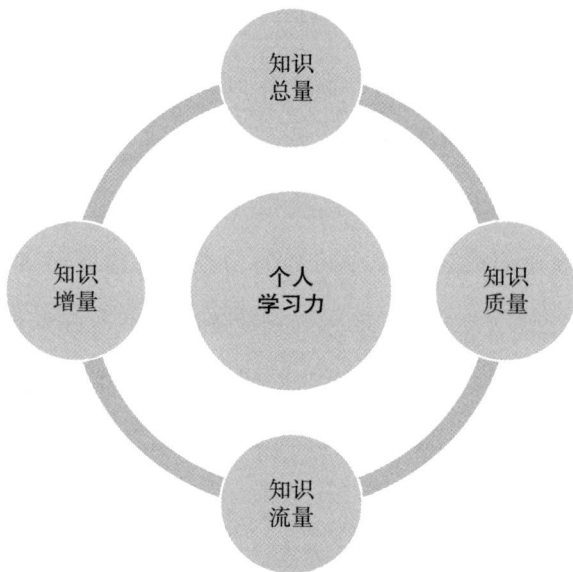

图 0-5　个人学习力 4 项考察指标

知识网格化，是对知识进行切片处理，也是将知识有规则地碎片化。将单个知识点进行规整，使用连接的方式自由融合，创新知识应用方案，从而帮助我们有效增加知识总量、强化知识质量、增长知识流量、提升知识增量。

● **第三章　用知识管理知识**　用知识管理知识，并非简单地管理知识信息，而是通过加强对"人、事、物"的管理，充分发挥好知识的决策功能，提升人的主观能动性，坚持做正确的事，用"事"驱动物质世界，使其能量在"事"中发挥价值，给人带来高价值的回报。

1.用知识管理知识有 3 个核心要素，如图 0-6 所示。

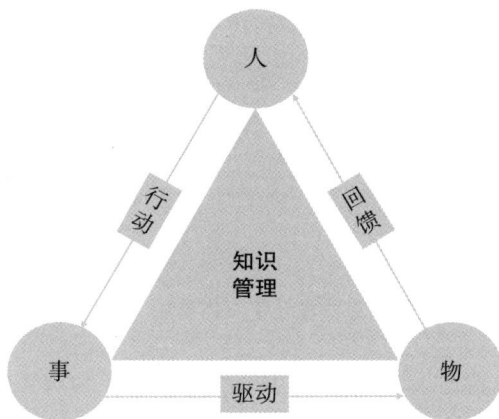

图 0-6　用知识管理知识的 3 个核心要素

"用知识管理知识"理念的第一个"知识"表示应用知识的智慧，第二个"知识"表示管理的对象是"人、事、物"。"人"即管理知识的主体，"事"即人对物施展行动的媒介，"物"即客观存在的事物。所以，个人知识管理是围绕实现个人的成长目标而进行的一系列决策活动。

2.读书获取知识，只是知识管理的一个环节，无论我们所处何种时代、处在人生的何种阶段、生活在何种环境，做到知行合一才是用知识管理知识的核心要义。本书围绕"确立目标，获取知识、分享知识、实践知识、创新知识"5个维度，提供建立"知行合一"学习体系的解决方案，如图0-7所示。

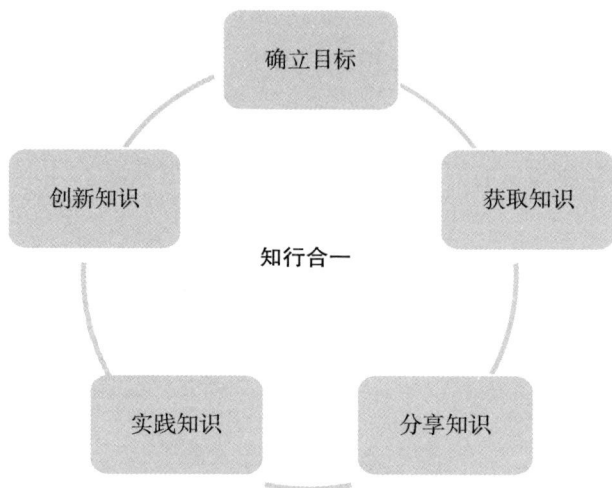

图 0-7　知行合一学习体系的 5 个维度

3.创建元知识管理目录，是一项专门针对个人知识管理的规划活动。通常以个人成长意愿或目标为主题，即个人首先要想清楚自己要成为一个什么样的人，然后再下沉，从工作、生活两个方面去规划，写清楚自己未来想做什么工作、想过什么样的生活，并把这些问题逐一描述清楚。本书建议使用框架思维创建元知识管理目录，认知框架和 SMART 是我们需要用到的重要方法。

4.做好知识管理，是提升学习力的基本功，而获取知识是做知识管理的基础能力。推荐阅读、访谈、观察、田野调查等4种获取知识的渠道，如图0-8所示。

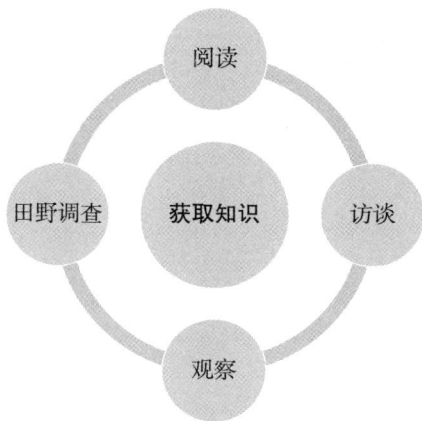

图 0-8　获取知识的 4 种渠道

5. 对知识进行科学分类，是对知识进行结构化、有序管理的重要工作。当前，受到普遍认同的知识分类方式有 10 种，即区分研究对象、知识属性、知识形态、知识品质、思维特征、现象知识、知识来源、内在联系、发展趋势、知识效用。本书结合知识网格化管理实际，从管理逻辑的角度把知识区分为永久知识、软永久知识、随机知识、交换知识 4 种。

6. 建立知识连接的本质是融合知识内涵，它可以辅助我们找到知识点之间的逻辑关系。用知识管理软件建立知识连接时，通常有 3 种连接方式：单向连接、反向连接、双向连接。我们必须达成一个共识：知识管理的底层逻辑是用知识管理知识，通过思考一个知识点的内涵，在认知层面建立知识连接，而软件仅辅助我们把思考到的知识连接关系呈现在眼前。

● **第四章　以连接为中心的知识系统**　在数字化时代，万物互联已成为趋势，"连接大于拥有"逐渐成为人们的一种共识。当我们以连接为中心去管理知识时，需要从获取、存储、分类、连接、调度、复用等多个维度制定策略，本书提供的方案是以连接为中心的知识系统，如图 0-9 所示。

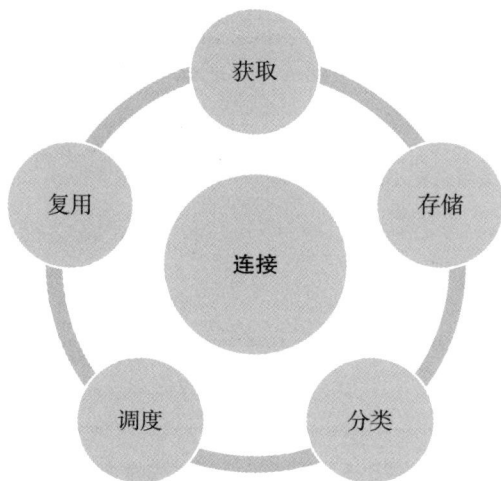

图 0-9   以连接为中心的知识系统

1.有选择地获取知识。获取知识的成本越低，越会提升学习的门槛，如果对信息没有足够的甄别能力，我们就会被碎片化的知识包裹。世界就如一个信息铁桶，你是被封闭在铁桶里的"蛹"，就算你在蛹中费尽全力，咬开一道口子破茧成蝶，但依然被封闭在铁桶里，无法看到外面的世界。因此，获取知识越便捷，越要培养选择的意识，本书提供的策略是使用知识获取四象限法则，有选择地获取知识，如图 0-10 所示。

2.按使用场景存储知识。当你发现让你产生保存冲动的知识点，又回答不了"为什么要保存它"，想不出合适的使用场景时，可以发起"三问"。第一问：如果早一点儿得到这份材料，我一定不会失去什么？第二问：如果选择保存这份材料，我可以立刻得到什么？第三问：如果把这份材料分享出去，我一定要推荐给谁看？

強相关且必需   弱相关但必需

需求定位

弱相关非必需   强相关非必需

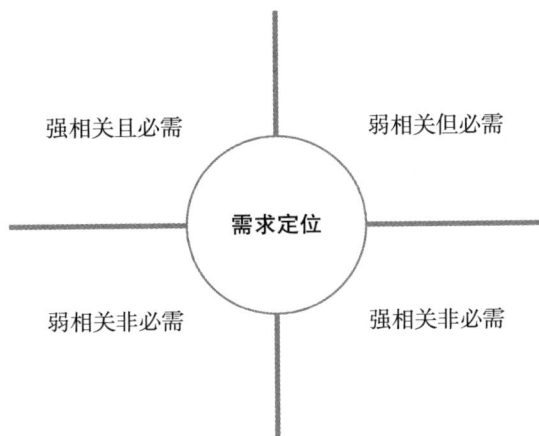

图 0-10　知识获取四象限法则

3.用系统思维分类知识。如何才能确保知识管理的行动有效呢？从系统思维的角度出发，处理好"存量"和"流量"的关系至关重要。"存量"是一个知识系统的基础，能确保你去从事一项活动时有基础的认知和基本的学习能力。"流量"是你输入和输出知识的量，既是"存量"的来源，也是"存量"的流向。知识系统运行流程如图 0-11 所示。

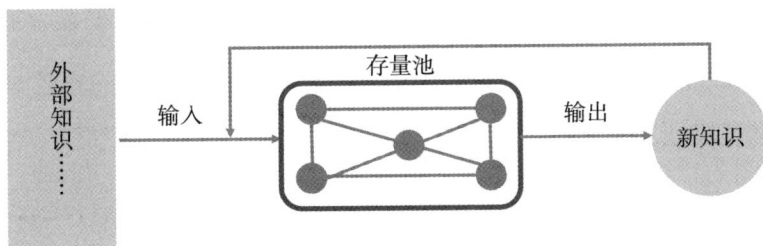

外部知识……　输入　存量池　输出　新知识

图 0-11　知识系统运行流程

4.为获得智慧而连接知识。世界上的任何事物都可以产生联系，在产生联系的那一刻，就建立了连接。所有的知识，无论其关联性强弱，都可以通过某种连接产生"化学反应"，生成解决问题的智慧。知识管理的基本功，可以归纳为隐性知识和显性知识相互转化的能力，这两种知识相互转换的过程，就是产生智慧的过程，如图 0-12 所示。

图 0-12　智慧的产生过程

如果你要把知识转化成解决问题的智慧，必须结合本能直觉做出的反应去做复盘实验。在实践思考中总结经验，把你的本能直觉转化成可以用文字描述的技法，再通过创新实践，形成具有智慧的直觉。日本剑道有一种练习方法，叫"守、破、离"，我们可以借用这种理念把知识转化为智慧。

5.围绕主题调度知识。调度知识必须有一个汇聚的目标，主题既是调度知识的由头，也是调度知识的结果。本书从你是谁、你的作品是什么、你的作品目标是什么、你要展示什么、你得干点什么、你的特色是什么 6个维度提出解决方案。

"你是谁"是一个角色定位问题。

"你的作品是什么"是一种结果思维。

"你的作品目标是什么"是一种成果思维。

"你要展示什么"是一个价值定位问题。

"你得干点什么"是一种持续行动的品质。

"你的特色是什么"是一种核心竞争力。

6.紧盯效益复用知识。世界上有很多能量都像电能一样可以被利用，要想把能量的效益最大化，常用的办法是想方设法节约使用。唯独知识不同，让知识发挥效益的办法是尽情地使用它，这个特点和金钱有点类似。在理财领域，有个高频词叫"复利"，相较于金钱，知识不仅可以产生复利，还可以通过复用给我们带来更多效益。

（1）我们在使用知识时，不仅要有复利思维，更要有复用思维。比如你学习了某个领域的知识，通过调度知识，对知识重新进行排列组合，就可以实现知识创新，甚至创造出更多的知识。你创新或者创造的知识会成为你的"知识存量"，继续与其他知识发生关系，让你的知识存量和知识流量均得到指数级增长，这就是知识给你带来的复利。

（2）知识复用比知识复利更有价值。比如你学习了一个领域的知识，不仅可以通过调度知识来开发一个课程，也可以写一本书，或者做一次直播，相当于利用"知识存量"制作了多个知识产品，这就实现了知识复用。

（3）决定知识系统运转效率的是知识与知识之间的连接次数与连接频率。连接次数越多，表示你输出的知识产品越多；连接频率越快，表示你迭代知识产品的周期越短。两者在帮助你增加知识存量、提升认知的同时，可以提升你输出知识产品的能力。

● 第五章　以思考为旋涡的知识网络　个人知识网络是在日积月累中自然生长出来的。这个观点没有错，但日积月累的不仅是你收集的知识信息，更是你的思考，只有把思考贯穿于知识积累的全过程，知识网络才能真正为你所用。知识网格化管理模式从整理知识点、完善元知识体系、扩容知识系统、拓展知识子网、升级知识网络5个层面，提供了一套以思考为旋涡的个人知识网络经营方案，如图 0-13 所示。

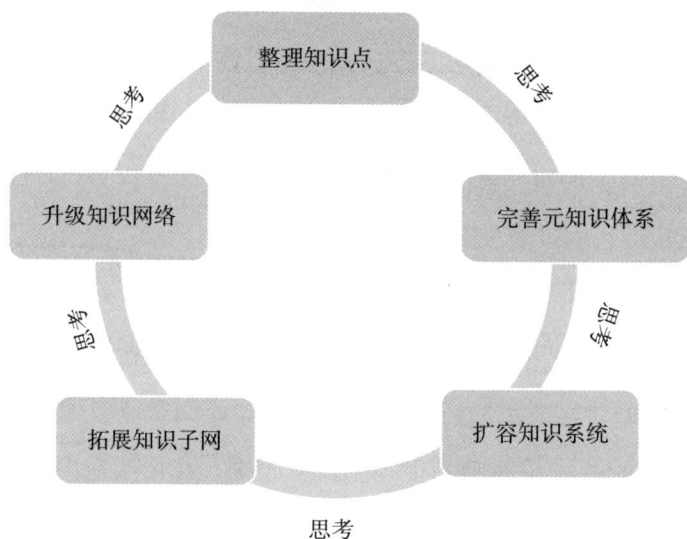

图 0-13　以思考为旋涡的个人知识网络经营方案

1.整理知识点。推荐 3 种整理知识点的方法：归纳法、演绎法和溯因法。归纳法可以在诸多事件中找到一个共同特点或者规律，总结出一套方法经验，助力你形成在某个知识领域内的元实力。演绎法是一种与归纳法相对立的逻辑推理，通常以知识的"第一性原理"作为逻辑起点，进而发现更多蕴藏在大前提内的知识，助力你形成某个知识领域的硬实力。溯因法以"惊讶事实"为逻辑起点，对任何事实都持有怀疑态度，不仅推导出结论，更注重推理过程。溯因法可以帮助你树立反常识的思维理念，找到创新、创造新知识的方法，助力你在某个知识领域内形成具有鲜明特色的软实力。

2.完善元知识体系是一个逐渐深入思考人生、升级个人成长计划、更好地适应当下和更好地掌控未来的过程。本书提供的 WRITE 思考学习法，将"写"这个动作贯穿于思考的全过程，帮助你完成基于学习的理性思考训练，如图 0-14 所示。

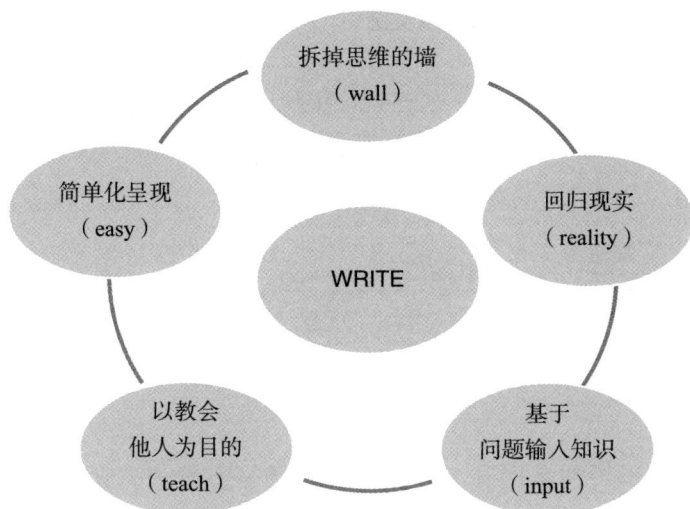

图 0-14　WRITE 思考学习法

3. 扩容知识系统是一种专家思维，是一个结合需求以"刨根问底"的精神去求知的过程。为了提升自己在垂直领域的专业能力，以强化主业的核心竞争力为重点，先让自己成为一个领域的专家，用底线思维构建好赖以生存的基础，即你当前所掌握的知识无法满足你的需求，不足以解决你所面临的问题时，才需要重点去关注。本书提供的解决方案是，利用"个人成长与学习进步曲线"规划如何扩容知识系统，如图 0-15 所示。

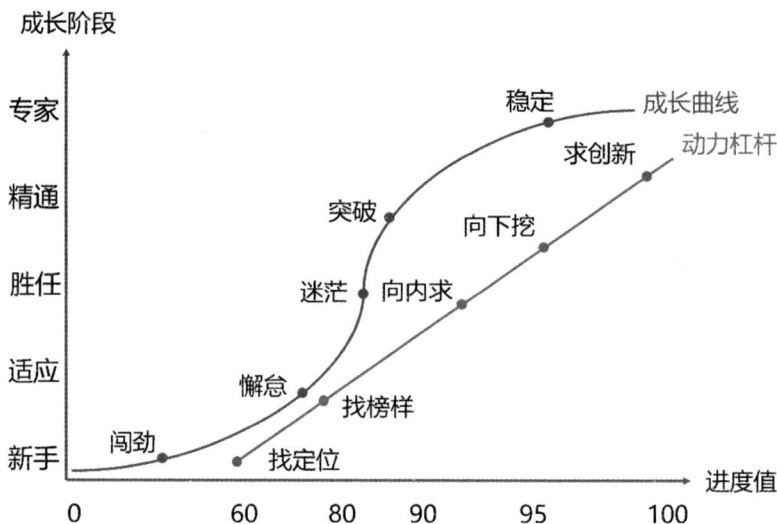

图 0-15 个人成长与学习进步曲线

4.拓展知识子网是提升"主业"边缘竞争力的知识管理活动，可以让你成为一个"一专多能"型人才。拓展知识子网强调采取"整体规划，各个突破"的方式，确保学透每一个知识点，实现精进。具体方案是划定知识系统之间的边界，包括知识连接边界、掌握程度边界、投入时间边界。

5.升级知识网络。人们习惯把人才分为 3 种类型：I 型人才、T 型人才和 π 型人才。π 型人才既可以利用第一专长守住已有的事业和成果（第一曲线），也可以随时利用第二专长在其他领域寻求发展（第二曲线）。但是，升级个人成长计划，开启第二曲线学习，必须选择合适的时机才能事半功倍，如图 0-16 所示。

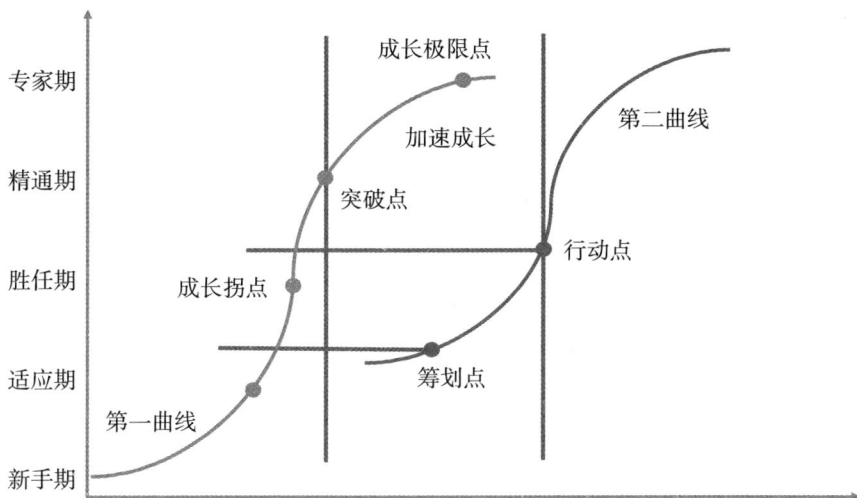

图 0-16 开启第二曲线学习的时机

● **第六章　知识管理的本质是使用知识**　知识只有转化为常识，才能成为你应对问题的智慧。否则，就算你把所见的知识都背记下来，也只是将其存储到大脑中。记住知识不代表你有能力掌控知识。一切你没有能力驾驭的东西，都不真正属于你。因此，知识只有被使用过才能产生价值，也只有在被使用的过程中，才能转化为常识或者经验。

1. 知识管理动力圈。一切学习都应该基于我是谁、成为谁、为了谁而进行。唯有如此，你才能做到聚焦目标去使用知识，在目标的驱动下，才有足够的动力把知识转化为解决问题的常识。本书提供"知识管理动力圈"，对知识管理行动进行精准定位，既着眼当下，又谋划未来，在正确的时机学习所需要的知识，实现即学即用，让知识在当下变现，在未来增值，如图 0-17 所示。

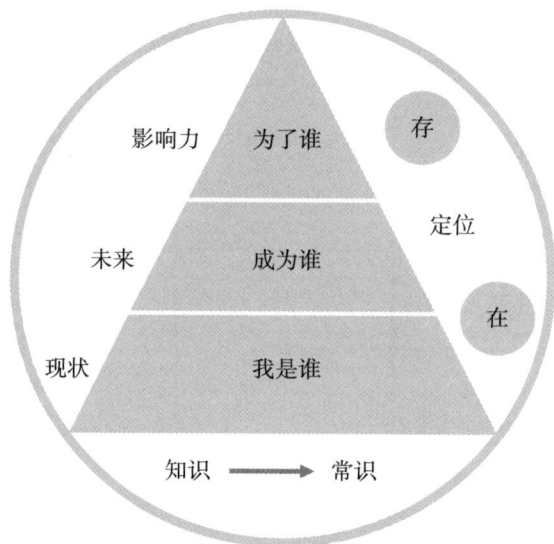

图 0-17　知识管理动力圈

当前，互联网进入 Web 3.0 时代，元宇宙成为下一代互联网的主流生态势不可挡。未来的社会形态更加多元，也更加复杂，职场竞争必然更加激烈。随着元宇宙生态的布局日趋完善，每个人都将更加明显地感受到时代的易变性（volatility）、不确定性（uncertainty）、复杂性（complexity）和模糊性（ambiguity），这些特性被称为"VUCA"。这要求我们在学习中，结合自己的成长目标，着重培养对未来的预测能力、掌控事态发展的能力、结果交付能力、识别变量之间关联的能力、做出改变并提前储备力量的能力、抓住成长机会的能力。这就相当于告诉我们，要建立一种基于现状和目标去做准备的学习模式。本书提供了应对"VUCA"的知识管理措施（见表 0-1）。

表 0-1 应对"VUCA"的知识管理措施

序号	能力项	应对措施
1	对未来的预测能力	提升洞察力的知识管理
2	掌控事态发展的能力	制定应对策略的知识管理
3	结果交付能力	掌控成长过程和成长资源的知识管理
4	识别变量之间关联的能力	提升个人影响力的知识管理
5	做出改变并提前储备的能力	保底生存系统和重启事业的知识管理

2. 当好自己的教练。对很多人来讲，打卡已经成为掩盖自己在"假装做事"的动作，一种欺骗自己或者寻求自我安慰的方式。人的天性大多喜欢静止而舒服的状态。"打卡"作为一种外部压力，理论上可以驱动我们走出"舒适区"。相较于外部压力，拥有强大的内生动力，才是实现成长精进的关键，强烈的成长欲是内生动力的源泉。本书第六章第二节提供了 GROW 模型－"自我教练"应用方案，如图 0-18 所示。

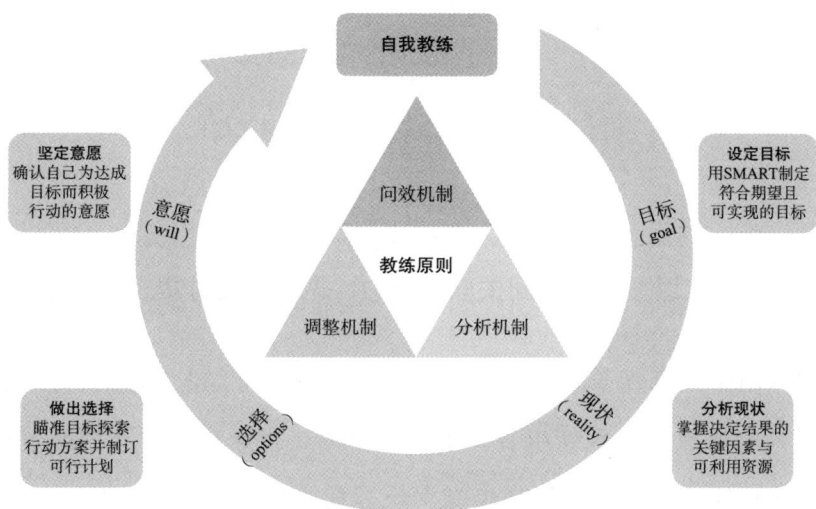

图 0-18 GROW 模型－"自我教练"应用方案

GROW 模型–"自我教练"应用方案设置了问效机制、分析机制、调整机制作为"自我教练"的基本原则。建立问效机制是为了拿到结果；建立分析机制是为了及时止损；建立调整机制是为了纠正偏差和防止错误蔓延。

3. 做一个知识传播者。传播知识，能使人开智开慧。从提升学习效率的角度看，教会他人是一种非常有效的学习方式。当然，教会他人之前，你需要创作自己的作品，把从各个渠道获取的知识结合个人理解和实践经验进行整合创新，最终转化成一本书或者一门课程。本书基于日本"知识创造理论之父"野中郁次郎提出的 SECI 模型，指导个人将知识转化，进行创新应用，并将所学知识转换成作品，如图 0-19 所示。

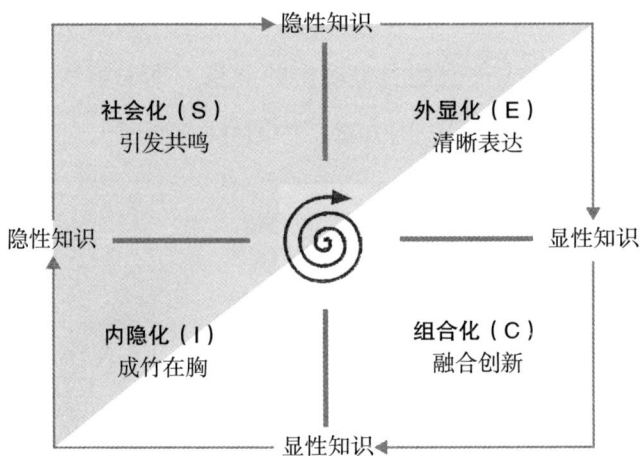

图 0-19 "SECI 模型"个人知识转化创新应用模式

知识创作具有典型的非线性特征，这并非坏处。非线性的特点是可以根据个人的想法随意重新组合知识，这可以让我们在使用知识的过程中，创造更多可能。当然，要创作出受大众喜爱的知识作品，也不能由着自己的性子随意拼凑知识。在创作中应用"海绵式思维"和"淘金式思维"，可以帮助我们提升创作效率和作品的传播率，如图 0-20 所示。

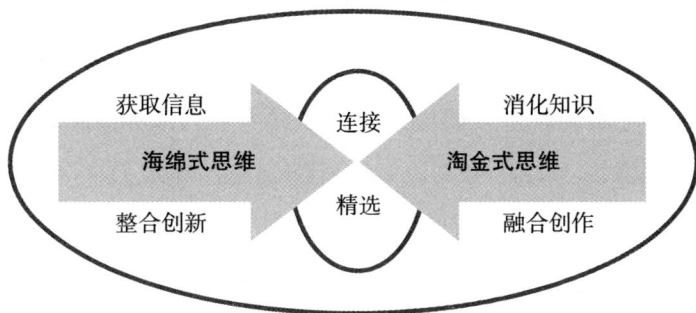

图 0-20　海绵式思维和淘金式思维

做一名优秀的传播者，仅仅拥有作品还不够。也许你的作品很有价值，但要想在分享中获得认同，还需要增强作品本身的表现力和你分享作品时的表现力。本书的解决方案是应用著名的表现模型 K3F，提升知识分享表现力，如图 0-21 所示。

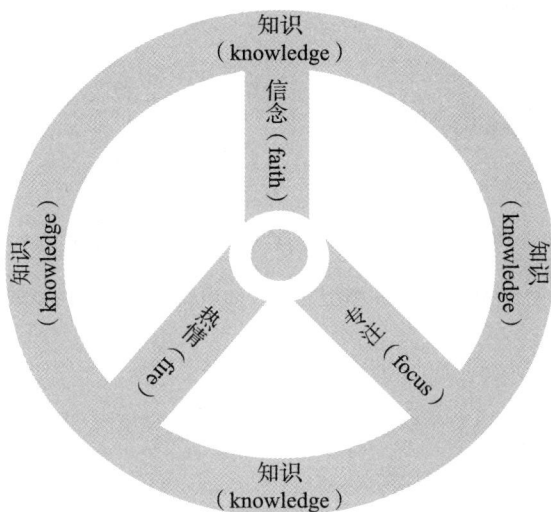

图 0-21　应用 "K3F 模型" 提升知识分享表现力

● **第七章　知识网格化实操案例**　专业的软件工具给知识管理提供了便利，但我不提倡成为"工具控"。用正确的知识管理方法去使用软件功能，才能发挥出使用软件的效益。本书坚持应用知识网格化管理方式，把软件操作放到具体的应用场景中，简单介绍了黑曜石笔记（Obsidian）、浮墨笔记（flomo）、思源笔记、Anki 笔记等 4 款软件的操作使用。比如，用 flomo 打造职场知识圈，提供了沉淀职场知识的思路；用思源笔记实现快速写作，示范了七步成文法；用 Anki 高效备考通关，解读了艾宾浩斯遗忘曲线。

以上，就是本书的核心知识点，希望我的这封信对你有用。再次感谢你把这本书捧在手中，我深知自己并非知识管理专家，亦籍籍无名，但我特别渴望和你成为朋友，一起做个终身学习者，一起做很多有价值的事情，一起读点书、写点文，做个有情怀的人。

此致

敬礼

你的书友：释若

2022 年 12 月 28 日书于河南郑州

目　　录

第一章

知识网格化管理模型

掌握知识管理底层逻辑，轻松破解学习焦虑和本领恐慌

————————

　　德国著名社会学家尼克拉斯·卢曼是一位啤酒师的儿子。他没有显赫的身世，依靠自己的努力跻身学术界，发表了数百篇文章并出版了 58 本著作。后人通过研究卢曼的笔记，发现卢曼热衷于写卡片笔记。与传统的卡片笔记（比如纳博科夫的卡片笔记）不同，卢曼是用一个盒子来保存自己创作的内容，这种做法类似于我们现代人使用计算机存储文档，把所有的文档都放在一个文件夹（目录）中。

第一节　个人知识管理的 5 大桎梏

连接失效 + 存储无序 + 标签混乱 + 管理失配 + 复用困难

　　我在阅读申克·阿伦斯博士的著作《卡片笔记写作法：如何实现从阅读到写作》时了解到，卢曼把卡片笔记分为闪念笔记、永久笔记和文献笔记。他在写完一张卡片笔记后，会依据不同信息来源把卡片放到相应的盒子里，然后利用索引建立卡片之间的知识联系，最终实现在具体写作中快速调取所需要的信息。

　　我在学习卢曼的卡片笔记写作法后，用软件替代了卡片盒。在积累了大量知识卡片后，由于没有想清楚数字化场景下使用卡片笔记的实际情况，导致我的知识管理出现了混乱。很多书友也给我反馈，他们在使用知识管理软件时，遇到了不知道如何解决有效使用软件管理知识的痛点，我将其归纳为个人知识管理的 5 大桎梏，如图 1-1 所示。

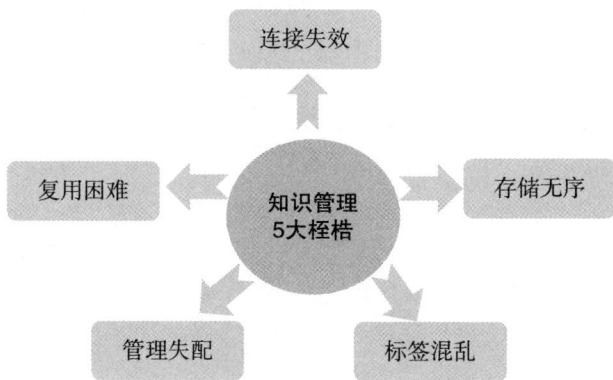

图 1-1　个人知识管理的 5 大桎梏

第一，连接失效。我用知识管理软件规定的格式轻松实现了知识点之间的连接，并快速拥有了一张知识网络图。这看似非常专业，好像我已经形成了自己的知识网络，当我在阅读 A 卡片中的信息时，只要轻轻一点鼠标，就可以跳转到网络中任何一张卡片，并愉快地获取卡片中的信息。可是，这样真的好吗？在具体的写作中，我发现在软件中建立了连接的知识卡片，实际上毫无关联意义，我也没有能力发现卡片之间的连接逻辑。我认为，这是一种伪连接，其根本原因是仅使用软件功能建立卡片"链接"，而非在思维逻辑上建立知识"连接"。

第二，存储无序。在使用软件管理知识的过程中，由于没有进行过具体规划，每次看到可能有用的文字、图片、视频，就粘贴或导入软件中，时间久了，存放在软件中的知识就如同随意扔进储藏间中的杂物。碎片化的知识越存越多，无序的存储使得知识无法正常调取使用，大量的知识碎片成了一种鸡肋般的存在，删之可惜，留之无用，整理又无从下手。

第三，标签混乱。知识管理软件的标签功能给我们管理知识带来了便利，但我们在记录知识时，随手写下的标签往往没有经过深入思考，随意性大。当我们使用标签去调用知识时，却发现记忆中的标签下根本没有自己想要找的知识，甚至检索出成千上万条无关信息。

第四，管理失配。读了很多书，写了上万条笔记，依然会有书到用时方恨少的感觉。当你着手去写一篇文章时，常常会对着空白的屏幕发呆，需要写作素材时，依然只能现用现找。这不对呀，为什么别人可以用几篇读书笔记串成一篇文章，而你不能？难道自己的读书笔记都是"假"的吗？为什么别人在工作中碰到问题时，只要打开笔记软件，就能一键检索到解决方案，而你不能？究其原因，是你在积累知识时，没有一个清晰的定位，你只是在阅读的瞬间觉得那些知识可能对自己有用，但对于到底把它们用在何处、要怎么用，你并不清楚。

第五，复用困难。随着互联网知识付费的兴起，"知识复利"成了热门词。其实知识不仅能产生复利，还能复用。比如，写好一篇文章后多平台分发，改变内容的呈现形式，把图文转成视频。由此可见，知识是诸多生产资料中最容易实现循环利用、多次复用的资源。一份知识材料，哪怕只是一张记录了一个知识点的卡片，换个角度看，也能产生新的想法；换个场景用，也能发挥新的作用。可问题是，如果你的知识管理是随意的、无序的、无规律可循的，就会浪费很多灵感，在你真正想去使用知识时，你会发现眼前的知识似乎并不能激发你的思考，甚至根本不知道如何用它们。

第二节　知识网格的 3 个核心要素

写一条好用、可控、易治、益智的笔记

为了解决上述问题，我在研究知识管理理论和 20 余种知识管理软件后，提出了"知识网格化管理模型"，并对它进行了大量实践验证。我认为，数字化时代的个人知识管理，最典型的特征是要把知识标签化，树立用知识管理知识的理念，清楚"数据→信息→知识→认知→智慧"的知识管理逻辑，以"连接"为中心打造个人知识体系。

软件可以帮助我们实现知识的智能管理，实现知识在软件层面的连接，但并不能让我们直接提升认知、拥有智慧。认知和智慧层面的连接，需要我们以"思考"为旋涡去使用知识。随着人工智能的飞速发展，未来能让我们在复杂而激烈的竞争中胜出的核心能力，一定是创新能力。创新的灵感源自思考，思考需要不断升级认知，拥有透过现象看穿本质的智慧。因此，"知识网格化管理模型"采取将知识放入固定网格中进行管理的理念，提供的解决方案强调 3 个核心关键词：规则、感知、智慧。**规则即用知识管理知识，感知即以连接为中心，智慧即以思考为旋涡**，从而实现个人知识分系统、分区块、分层次管理的目标，达到个人知识体系好用、可控、易治、益智的效果。

知识网格化管理模型的 3 个核心要素是：知识净荷（知识点）、元知识（标签）、连接线（互联逻辑）。知识点之间、知识系统之间、知识子网之间均通过元知识产生连接，实现用知识管理知识的目标，如图 1-2 所示。

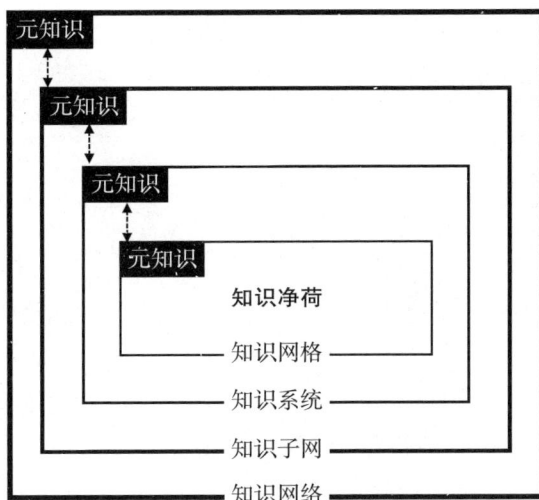

图 1-2 知识网格化管理模型

1. 知识净荷：知识点

在"知识网格化管理模型"中，知识净荷是指独立表达意思的数据信息，可以是一句话、一段文字、一篇文章、一条语音、一张图片、一段视频等。也就是说，知识点是知识、理论、道理、思想等相对独立的最小单元。

我用 Obsidian 软件记录了《销售脑科学：洞悉顾客，快速成交》这本书的部分读书笔记，如图 1-3 所示。

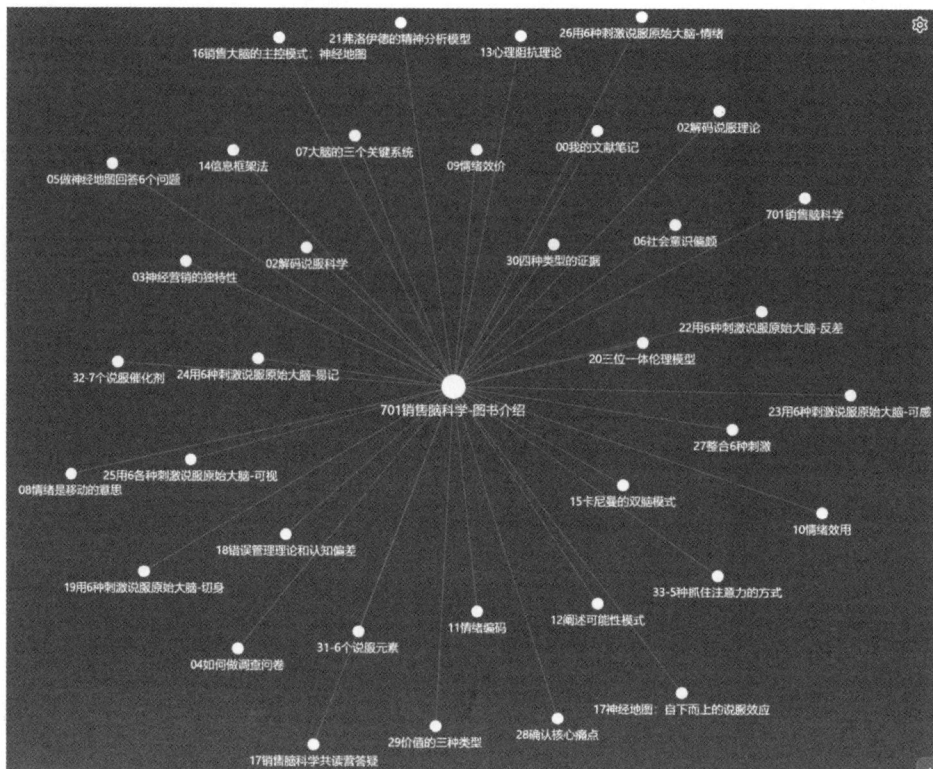

图 1-3　Obsidian 软件中"局部关系图"效果

图中的每一个点就是一个知识点，点击打开后可以看到该知识点的详细内容。以图 1-3 中"29 价值的 3 种类型"为例，传统的记录方式如下。

有效的说服工具应当以将产品（解决方案）的价值最大化为目标，不仅如此，还应当让价值尽可能地被量化，而不要交由受众去任意猜想。

价值的 3 种类型：经济型、策略型、个人型。

经济型价值指可量化的价值，可以是积累的存款，也可以是获取的额外收益。人们都厌恶损失，帮助客户节省 1 美元的心理价值是帮助他们赚 1 美元的心理价值的 2.3 倍。

策略型价值是客户期待获取的一种商业价值，这种价值不能从经济的角度被量化，但能提供真实的利益，如安全系数更高、风险更低、机会更多样、质量更高、差异化更明显等。

个人型价值指你能向客户提供的心理或生理方面的利益，包括压力降低、所有权得到满足、工作负担减轻、升职、成为英雄、在工作方面更有安全感或被赋予更大的权力、获得奖金、在公司内外获得认可等。

采用"知识网格化"管理理念记录笔记时，要遵循"一个网格管理一条笔记，一条笔记只记录一个知识点"的原则。我把这条笔记拆分成 4 条笔记，用 Obsidian 记录的结果如图 1-4 所示。

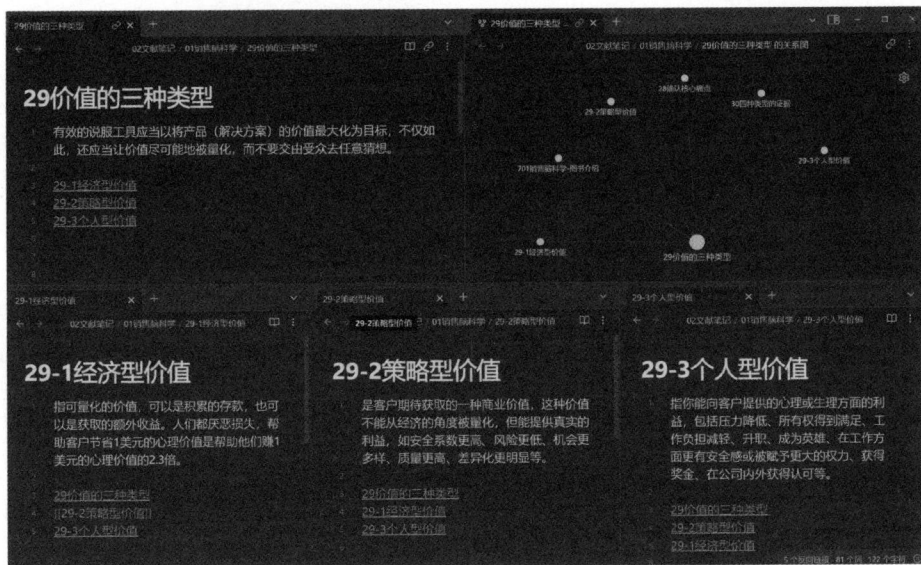

图 1-4　采用"知识网格化理念"记录读书笔记示例

采用传统方式记录知识，似乎很省事，因为它可以把所有的知识都记录在一个文档里。在很多年前，我就干过这样的事情。那时候没有先进的知识管理软件，我就在电脑里建立一个文档，把收集到的资料都存放到这个文档里。这个文档就成了我的"宝藏"知识库，主要目的是方便检索。随着收集的资料越来越多，我发现这种方式仅仅实现了一个功能，就是我在写作中需要使用一个知识素材时，可以不用打开很多文档，只要打开这一个文档，凭印象输入一个关键字，利用软件自带的查找功能，提升查找素材的速度。

但是，除了快速检索，我还希望知识管理更加灵活。比如，需要写一篇文章却没有灵感时，"知识库"能不能给我一些提示？当我在浏览 A 知识时，能不能提示我 B 知识或 C 知识与 A 知识有关联？或者 B 笔记中有很好的案例可以支撑 A 笔记中提出的观点。于是，我开始整理自己的知识库，不再只简单地把获取的资料存入文档中，我在存放时，会特意给资料设置一个关键词，然后查找与之相关的其他知识，把关键词做成超链接。这样一来，就解决了知识点之间的连接问题，但是这种笨办法特别浪费时间，坚持下来有多难受，做一下就能懂。当然，不可否认，也正是这一番折腾，为我写个人知识管理的书提供了"知识网格化"管理理念的灵感和经验。

应用"知识网格化"管理理念记录知识，虽然记录的形态是碎片化的，但是随着软件的不断升级，文档之间的"链接"功能被开发出来。知识管理软件不仅可以检索记录在不同文档中的内容，还可以通过"文档标题"、设置标签等方式使不同的笔记文档建立连接，为"一条笔记只记录一个知识点"的知识网格化管理理念提供了有效的技术支撑。

2. 元知识：管理知识的知识

元知识的概念源自专家系统，尤其是在设计大型专家系统[①]时，通常会把知识分为两个层次：知识集与控制知识集的知识。我们可以把后者称为知识的知识，即元知识。我认为，元知识就是管理知识的知识。在个人知识管理中，元知识主要由元知识标签、知识来源、知识摘要（如果知识网格中记录的内容很短，则可以省略）、知识应用提示等组成。元知识标签是创建知识结构、提供知识网格连接接口的重要元素。知识来源通常标明知识内容是从哪里获取的，例如从某本书中获取的知识，来源包括书名、作者、出版社、出版时间、章节标题、页码等；知识摘要是指你对记录知识的简述；知识应用提示是指你在阅读知识、识别知识的信息内涵后想到的应用场景。

需要重点阐述的是元知识标签，我们可以将其视为管理知识的标签。当我们给一个知识点设置标签时，通常是设置一个或多个关键词。我们可以通过设计元知识标签类目体系，对知识进行有效连接、分类、控制和管理。

在设计元知识标签类目体系时，可以分类、分层设计。元知识标签类目体系的构建思路是先设计父元知识，再根据需要添加子元知识，使处于不同层级的元知识发生继承关系。为确保元知识标签的唯一性，不要且没有必要在不同的知识系统中重复设计同一个元知识标签。

当你在不同的知识网格中使用同一个元知识标签时，尽管从物理存储

[①]"专家系统"是一个智能计算机程序系统，其内部含有大量的某个领域专家水平的知识与经验。——编者注

形式上看，该知识并没有存储在对应的知识系统中，但知识管理软件会默认该知识归属于元知识所属的知识系统，从而使不同知识系统中存储的知识在逻辑上产生连接。

例如，你获取到知识信息 aa，将其存储在了 A 知识系统中。你使用了 B 知识系统中的元知识标签 cc 管理知识信息 aa，此时知识信息 aa 在物理存储上属于 A 知识系统，但在逻辑上与 B 知识系统中元知识标签为 cc 的知识网格建立了连接。尽管不同的知识管理（笔记）软件在表现形态上有所区别，但市面上大多数具备"连接"功能的软件，管理和连接知识的底层逻辑基本一致。

举例如下。

B 知识系统中的元知识标签：# 写作的意义。

A 知识系统中的信息：写作不仅是记录，还是为了更深入地思考。元知识标签为"# 写作的意义"。

此时，"写作不仅是记录，还是为了更深入地思考"存储在 A 知识系统中，但在逻辑上也从属于 B 知识系统，即通过"分类方式建立链接"，实现知识的跨系统连接。

图 1-5 是我用浮墨笔记（flomo）软件创建的元知识标签类目体系，图中"知识管理"为本人写作本书所建，用于收集素材和灵感，其中创建了一个 1 级标签，也可称为根目录标签。在 1 级标签下方，可以创建 2 级标签（flomo 最多可以创建 5 级标签），创建多级标签的意义是便于提升对知识信息的管理和控制力度。

大家可以参考我的示范，结合自己的需求创建元知识标签类目体系，把根目录标签看成一个知识系统的大标题，在其下方创建子系统的元知识

图 1-5 利用 flomo 笔记软件创建的元知识标签类目体系

标签，或直接创建知识网格标签。创建好知识系统的元知识标签类目之后，就可以在对应的元知识标签类目中添加知识信息。我将写这本书所管理的知识定义为一个知识系统，这个定义由个人决定，你也可以将其定义为一个知识子网。在具体操作过程中，也可以根据个人对知识目录的层级管理习惯去确定。知识网格化管理推荐的层级是：网络→子网→系统→网格。当然，由于写这本书的特殊要求，我引入了一个子系统的概念，将层级调整成了网络→子网→系统→子系统→网格。

元知识标签类目体系的创建，并非随性而为，必须进行深入思考。思考什么呢？我想借用希腊德尔斐神庙门楣上"认识你自己"的铭文来说明，苏格拉底曾将这句铭文作为他研究哲学的宣言。曾有一位哲学老师跟我讲，哲学所研究的东西，很多是围绕一个"我"字展开的，主要包括：

我是谁？

我从哪里来？

我要到哪里去？

关于这 3 个问题，中国古代的诸子百家，各有主张。

我个人最喜欢的回答是宋代著名思想家张载的"横渠四句"，即：为天地立心，为生民立命，为往圣继绝学，为万世开太平。概言之，无论我们追求的是什么，都要对"我现在的状态""我为什么是这个样子""我要成就一个什么样的未来"进行深入思考。如果能在工作、生活、学习中碰到任何问题时都采取这样的方式去思辨，对问题进行思考和分析，你大概率能掌握哲学思维的基本逻辑。

我们用哲学思维去讨论元知识标签类目体系如何设计，就像哲学家讨论"自我"的话题一样。哲学家在讨论"自我"的话题时，不是简单地围绕"人是由哪些物质组成的"展开研究，而是把重点放在探讨人的能量来源、能量的现状和能量的潜力上。因为无论你追求的是什么，要想达成什么目标，都需要有能量支撑。当我们思考如何设计一个元知识标签或一个元知识标签类目体系时，最重要的是要思考元知识的能量，只有携带能量的知识才具备真正意义上的价值。元知识作为管理知识的知识，更是如此。

因此，对照哲学家提出的 3 个问题，结合元知识标签类目体系设计，需要围绕 3 个方面进行思考，即：

元知识的能量是什么？

元知识能量的来源在哪里？

元知识能量的价值体现在哪里？

能量一词的英文是 energy，简称"能"，古希腊语把能量称为"活动""操作"，它是一个间接观察的物理量，即一个物理系统对其他物理系统做功的能力。也就是说，能量就是某个事物能使其他事物发生改变的性质，例如 A 事物能否驱动 B 事物发生改变、如何改变、变成什么样子，主要看 A 事物的能量大小及能量性质。根据能量守恒定律，不同形式的能量在传递与转换过程中守恒。

通过对"能量"一词的解释，我认为元知识的能量是一种对知识信息进行控制、管理、连接的能力。当我们设计一个元知识标签时，必须考虑元知识的含义是否明确，能否简明扼要地对知识信息进行分类，能否让我们通过元知识准确定位所需的知识信息，能否激发我们的创作灵感，以及连接思考。

元知识的能量来源于哪里呢？这和元知识的属性有关。所谓属性，是事物的性质与事物之间关系的统称。比如，事物的颜色、形状、气味、优劣、善恶及用途等，是事物的性质；而一个事物的大小、矛盾、爱恨、敌友等，是事物的关系。通常来讲，任何事物都归属于某个特定的对象。元知识的主要用途是管理知识信息，若使其能量可用，在给知识信息创建元知识标签时，对知识信息进行深度阅读、思考、理解、消化，是必不可少的工作。因此，元知识的能量来源于知识信息，类似于"取之于民、用之于民"。

元知识能量的价值体现在哪里呢？价值，是一个经济学术语，是商品的一个重要属性。价值分为使用价值和交换价值，其中使用价值是给予商品购买者使用的价值，交换价值是使用价值交换的量。而具有不同使用价值的商品之所以能按一定比例进行交换，是因为它们之间存在着某种共同的、可以比较的东西。例如，用 1 头牛去换 1 辆摩托车，之所以能够成交，最根本的原因就是交换双方各取所需且两种商品的价值对等。

元知识能量的价值也体现在使用价值与交换价值两个方面。我们在设计元知识标签时，首先要考虑的是能用这个元知识标签管理何种类型的知识信息，其次要考虑的是创建元知识标签后其使用频率高不高。通常来讲，使用频率越高的元知识标签，连接的知识信息越多，越有利于我们构建知识系统、知识子网和知识网络，因为知识只有在连接状态下，才能产生流动与融合。

知识之间一旦发生连接，就说明它们之间存在着某种共同的关系。我们可以把知识的连接，理解为知识使用价值的交换量，例如 A 知识需要用 B 知识进行佐证，B 知识需要用 A 知识进行概括总结，两个知识点相互交换能量，就形成了知识的创新态，从而产生 C 知识。

3. 知识连接线：建立知识互联的逻辑

知识就像人体的细胞，细胞无法独立存活，只有相互连接才能让生命充满活力。从某种意义上讲，文化就是有灵魂的知识。知识本身是没有灵魂的，只有把不同的知识连接起来才能产生激活灵魂。我们阅读一些文章或图书，有时会发现里面的一个点、一个章节写得非常好，内容丰富、格式规范、文笔流畅，甚至还文采斐然，但是联系上下文，又会发现它们之间没有逻辑联系。这样的文章或书就没有灵魂、没有意识，是死的。

写作时，如果只采取"拼凑"的方式，在物理形式上把知识点放到一起，创作出来的作品就是没有思想、没有活力，也没有表达意识的，亦可称为没有灵魂的作品。

世间万物，唯有被赋予某种能量、情感或功能，能为人类提供价值，才可称之为文化。例如，一片落叶，本身并无意义，但当其成为龚自珍笔下的"落红不是无情物，化作春泥更护花"、杜甫笔下的"无边落木萧萧下，不尽长江滚滚来"、贾岛笔下的"秋风吹渭水，落叶满长安"时，便有了意义，承担起为人们寄托情感的使命。

知识亦是如此，只有建立知识点之间的逻辑联系，用"气"贯通作品的灵魂，知识才会承担使命，具有某种实用功能。

"气"即逻辑。何谓逻辑？是人类对物质世界以及精神世界探索结果的总和，既是事物的发展规律，也是思维的规律和规则。

我们做个人知识管理，就是在做建立知识逻辑的工作，并非积累海量知识。事实上，思维逻辑与知识储备的多少并不成正比。比如，我们看到一些连小学都没有毕业的人，大字不识几个，开公司当老板，照样可以把企业经营得风生水起。这是为什么呢？这些人虽然不懂量子物理，不懂微积分，也不懂经济学，甚至都没有听说过这个世界上还有一本书叫《资本论》，但是他们形成了一套为人处事的思维逻辑。比如，他们善于用最简单、最具亲和力的语言描绘一个令人振奋的共同愿景，他们恪守"把专业的事交给专业的人去办"的原则，他们特别会"分蛋糕"，等等。

如果我们把每种能力都看成一个系统，一个人可能只要把握其中一个系统的知识精髓，就足以应对各类难题。

由此可见，能否成就一番事业，最重要的是能否在从事的领域中摸索出一套成事规律来。在数字化时代，我们所处的世界只会越来越复杂，各种庞大而复杂的系统纵横交错，相互连接，相互影响。每一个系统都涉及海量的知识，任何人面对越来越复杂的知识系统，都如一粒沙，若想成事，就只能与其他沙粒融合，聚沙成塔后，沙粒之间就可以相互提供能量，形成合力，抵抗更多的未知风险，解决更大的现实问题。

因此，知识网格化管理模型中的"知识连接线"，并非利用知识管理软件的技术功能让知识在物理层面上建立被动连接，而是建立知识之间的思维逻辑，促进我们提升知识的串接能力、知识的归纳能力和知识的推演能力。

第三节　知识网格：知识管理的基本单元

用一条随手记录练习并提升思考力

　　知识网格化理念强调在整理知识时，要以思考为旋涡，把复杂的知识放入具体场景，总结成通俗易懂的道理、操作方法或步骤，然后分享出去，给他人提供价值。

　　我们可以把每个知识网格都看成一个制作小产品的平台，我们在里面输入文字，输出思想，用简单的动作沉淀高价值的产品。这个动作简单到只有一个"写"字，你去做了，就会有奇迹发生。正如我用每天写一条想法的方式，积累了一本书的素材。

　　我们强调用知识管理知识，本质是要通过知识管理拓展认知边界。我们在阅读一些专业书籍时，经常会有"每个字都认识，但一句话也看不懂"的感慨，这并没有什么可奇怪的。

　　每个人都有自己的认知边界，要想掌握认知外的知识，一要有恒心，二要遵守循序渐进的常识。正所谓"台上一分钟，台下十年功""心急吃不了热豆腐"，急不可耐只会产生焦虑，很难获得想要的结果。很多人想走捷径却绕了弯路，就是因为总喜欢逃避常识。当我们想解决一个问题时，首先要考虑的不是解决问题的方法，更不是寻找解决问题的诀窍，而要先思考一下，你面临的问题违背了哪些常识。

　　知识网格化理念强调做知识管理的本质是使用知识，任何不被使用的知识都不曾被你拥有，"知识越用越多"是不争的事实。当你把知识网格化之后，通过思考找到连接知识网格的逻辑，就可以生成新知识，拓展你的认知边界，提升你思考问题的能力，使你变得更有智慧。

我们做知识管理，既要承认并理解知识本身的含义，遵守学习成长的基本常识，又要以批判的态度去思考和验证特定知识的适用场景。

有人说"创新就是要反常识"，这句话有些道理，但也不是绝对正确。我以为，创新应该是在传承精华的基础上，发现更适合当前环境的知识应用方案。如果一味地追求反常识的创新，可能会陷入为创新而创新的误区，做出很多华而不实的方案。

前面我们已经把知识网格定义为知识管理的基本单元，并说明它由知识净荷、元知识和知识连接线组成，其中知识净荷是纯粹的知识点。

在日常管理中，能与外界沟通协调事情并说了算的是什么呢？当然是管理者，所以元知识既对内管理知识本身，又承担与其他知识发生联系的职责。

元知识与元知识之间存在逻辑联系，即知识连接线。这种连接线索可以是外在的关键词，也可以是内在的变化、成长逻辑。

知识网格并非一张记录知识的卡片，还需要设置管理知识的标签，同时具备与其他知识发生联系的接口与逻辑。记录的知识即为知识净负荷，管理知识并对外提供接口的知识即为元知识，提供知识连接逻辑的想法或线索即为知识连接线。我们在做知识网格化管理时，每个网格都要包含这些要素，你对这些要素的思考深度和掌控能力，决定了自身知识管理效能的发挥。

第四节　知识系统：垂直知识管理

学会纵深管理知识，成为细分领域的高手

我们在评价某个人很厉害时，经常会讲"这个人打篮球特别厉害！""这个人的 PPT 做得特别棒！""这个人文章写得特别好！"

构建知识系统的目的，就是让自己在某一方面特别厉害，比如学习一门课程、练习一种技艺，构建知识系统是一种快速入门、日益精进的有效方式。

通常来讲，那些拥有独门绝技的人，都有一个专属于自己的知识系统。"鼹鼠的土豆"老师讲的一个故事对我启发很大。她说之前遇到一个阿姨特别厉害，这个阿姨有个小本子，上面记录着各种做菜、买菜、清洁卫生、整理物品的心得和经验知识。她只要翻翻小本子，就能知道家里每个人今天想吃什么，知道哪个超市未来某天什么菜会打折。

其实，阿姨的小本子就是她的知识系统，记录着她的工作和学习心得。小本子上记录的内容，虽然看上去没有关联，但由于经常翻看，阿姨对本子上的内容了然于胸，只要随便看一眼，给自己一个提示，就能联想到其他内容，然后进行知识融合，为新问题找到解决方案。由此可见，知识不能止步于记录，要常"温故"方能"知新"。

如果用知识网格化理念来管理知识，知识系统又是如何形成的呢？如图 1-6 所示，知识网格互联就可以让知识形成系统并让系统有效运转。

一位长者讲过一句话："这个世界上有两种人值得我们学习，一种是读了万卷书的人，另一种是只读一本书的人。"这句话给我留下了深刻的印

```
┌─────────────────────── 知识系统 ───────────────────────┐
│ 知识网格 1（知识卡片）    知识网格 2（知识卡片）      知识网格 N（知识卡片）│
│ ┌──────────────┐  连接线  ┌──────────────┐  连接线  ┌──────────────┐│
│ │ 元知识（标签） │◄┈┈┈►│ 元知识（标签） │◄┈┈┈►│ 元知识（标签） ││
│ ├──────────────┤       ├──────────────┤       ├──────────────┤│
│ │ 知识净荷（知识点）│       │ 知识净荷（知识点）│       │ 知识净荷（知识点）││
│ └──────────────┘       └──────────────┘       └──────────────┘│
└───────────────────────────────────────────────────────────┘
```

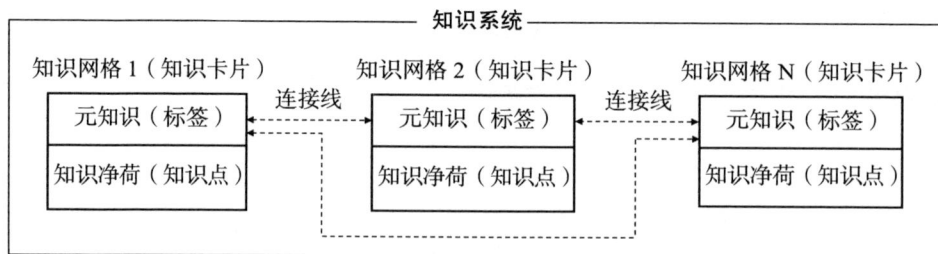

图 1-6　知识网格化管理知识系统结构

象，但当时并没有给我多少启发。随着个人阅历的增长，我才越发觉得这句话是在教我一种生存之道，也是在教我如何成才。

在职场上，"人才"是一个总也讨论不完的话题，我们总会围绕到底是"通才"重要还是"专才"重要展开讨论，甚至争论不休，谁也说服不了谁。其实"通才"和"专才"都很重要，到底谁更重要，与具体的工作岗位要求相关。事实上，任何工作岗位都有与之对应的具体职责，我们要解决的问题是对照岗位职责，建立该岗位的知识系统。这是一个快速胜任岗位职责，在新单位找到立足点的有效解决方案。

我曾多次跨行业转岗，由于掌握了快速胜任新岗位的诀窍，所以每次都能在很短的时间内在新岗位上做出成绩来，受到新单位领导和同事的认可。我的方法就是先学习岗位职责，通过向老同事请教，了解岗位最常做的工作有哪些。然后，再列一个学习清单并做优先级排序，建立一个新岗位的知识管理系统，把日常学习、工作经验总结的情况都以卡片的形式记录下来，放在新岗位知识管理系统中。只需 1 个月左右，我就能游刃有余地处理新岗位的各类日常工作，3 个月左右，我就可以在例会上结合当前工作提出一些有创意的点子甚至解决方案，通常都会得到领导的认可。

这些做法，为我研究"知识网格化管理"提供了经验支撑。现在翻看过去写的各种卡片，发现它们就是"知识网格"的初始元素，我把这些卡片导入具有连接功能的知识管理软件，做知识网格化处理并按软件的要求设置链接，就让每个岗位都自动形成一个知识系统。这个发现让我兴奋不已，也进一步促使我坚持做知识网格化管理。现在，每做一个新项目，我做的第一件事就是在知识管理软件中建立一个与项目同名的知识系统，然后向里面填充与之相关的知识信息并做网格化处理。

为什么这样做效果好呢？因为知识管理软件会根据我的思维逻辑自动连接各个网格中的内容。我在工作中碰到任何问题，都可在系统中检索到解决方案。而每碰到一个新问题，我就创建一张网格卡片，写上我对这个问题的思考，并逐步完善，每完善一次又都会写出一张新卡片，并利用软件功能创建链接。

同时，每当我在工作中感觉没有头绪时，也会打开对应的知识系统，按照知识网格之间的连接逻辑，阅读网格中的内容，这总能给我带来处理问题的灵感，使我产生新的想法和创意。

我经常讲一句话："做事情，就是要有问题解决问题，没有问题就创造一个问题再解决。"因为人只要活着，只要想活得更好，总得折腾点儿事情。所谓的工作干得好，就是你折腾的事比别人多，并且还折腾出了效果。

可是，折腾事情最大的问题不是怎么折腾，而是你不知道折腾什么。不信的话，你可以反问一下自己："如果现在辞职，你可以做什么？""如果你的工作平淡无奇，如何写一份出色的工作总结？"

我平时喜欢读书写作，还出版过一本书《写作公式：新媒体写作从入门到精通》。经常有书友和我讲："特别想学习写作，但不知道写什么。"这就对了，如果你知道写什么，你就不会来向我倾诉了。大多数时候，不会写作的原因是你不知道写什么，你的脑海里没有"问题"，如果你有一个"问题"，那你就可以去介绍你的问题是什么，分析问题背后的原因，写出解决方案，这不就有物可写了吗？

互连后的知识网格，可以激发我们提出新问题的灵感。知识系统的用途是做垂直知识管理，比如研究一个学科问题，可以从原理层面向下探索，也可以从应用层面向上探索。向下探索得越深入，你的理论功底就会越深厚，向上实践得越多，你的应用技能就会越熟练。这就是知识垂直管理的"道"与"术"，道即向下深挖理论根源，术即向上实践应用技能。

第五节　知识子网：区块知识管理

拓展认知边界，成为复合型人才

设置知识系统是为了做好垂直知识管理，而知识子网则是把知识区块化，实现不同知识系统的价值互联。例如，某公司需要招聘一名程序员，要求应聘者同时掌握 C 语言、Java 语言、Python 3 种程序设计语言及 SQL 数据库语言。这时，我们可以把每一门编程语言看作一个知识系统，它们之间产生价值互联，形成一个知识子网。

那么，如何实现知识系统互联，从而生成知识子网呢？如图 1-7 所示。

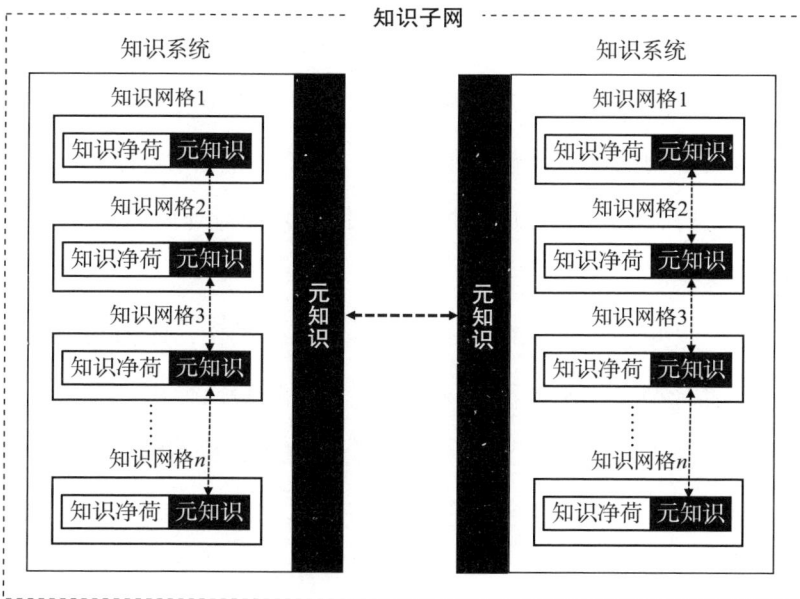

图 1-7　知识网格化管理知识子网结构

利用元知识连接知识系统，则可以生成知识子网。因此，我们可以采用分层设计元知识的方式，把元知识从低到高区分为网格级元知识、系统级元知识、子网级元知识、网络级元知识。

以往，人们常用"一招鲜，吃遍天"形容一个人技艺超群。这里所谓的"一招鲜"，指的是拥有某种核心技能。比如，某人做酱牛肉特别好吃，于是开了一家卖酱牛肉的门店，大家都排着队去购买，那么制作酱牛肉的秘方便是他的核心技能。

但要想实现生意规模的扩大和企业的持续经营，除了掌握秘方和使用技巧，还需要学习其他相关知识，比如开店选址、产品定价、推广销售、门店管理、工商税务、消防卫生等，只要与开酱牛肉门店相关的知识，都需要掌握。

我们可以把开酱牛肉门店需要掌握的知识看作一个知识子网，这个子网包含不同的知识系统，而掌握酱牛肉的制作方法是这个子网的核心知识系统，制作酱牛肉的秘方是该系统中的一个知识网格。只有掌握了开酱牛肉门店需要的所有知识，形成一个知识子网，才能对外声称："在开酱牛肉门店这一块，我是行家里手。"

显然，建立知识子网更有利于我们胜任一份工作，成为某个领域的复合型人才。复合型人才不同于专才，专才只能做自己分内之事；也不同于通才，通才就像"万金油"，似乎什么都会，但什么都不精通；复合型人才有自己的核心特长、核心竞争力，但对与本职工作相关的岗位知识也略通一二。很多企业对员工提出了一专多能的要求，从某种程度讲，就是希望员工成为复合型人才。建立知识子网是快速成长为复合型人才的有效手段。

第六节 知识网络：全域知识管理

构建实用知识体系，提升跨领域成就事业的能力

查理·芒格是巴菲特的黄金搭档，他提出的"多元思维模型"告诉我们，灵活运用多个学科的知识去解决问题，是找到问题根源、快速实现目标的有效方式。

因此，你的知识网络能发挥多大作用，关键在于你的"全域知识管理能力"。当你试图构建个人知识网络时，应当不断去拓展自己的知识面，做一个持续行动的终身学习者。这几年，很多人谈"中年危机"，我认为这就是一个伪命题，如果不努力学习，任何年龄段都会遇到危机。只要我们保持适度的"本领恐慌"感，主动走出舒适区，进入学习区，就不存在任何年龄危机。要说有危机，那一定是没有学习的危机。很多人20多岁参加工作，在一个岗位或一个行业干了十几年甚至二十几年，而真正获得成长的时间，也就是刚刚参加工作时那两三年，一旦能胜任本职工作，就开始"躺平"。这种人工作了二十年，其实并没有二十年的工作经验，他们只是把同一条工作经验重复使用了二十年。

那么，知识网络是如何提升全域知识管理效率的呢？如图1-8所示，从知识网格化管理结构看，由若干知识网格组成知识系统，由若干知识系统组成知识子网，由若干知识子网组成知识网络。

因此，从利用软件技术管理知识的层面看，知识子网之间通过元知识产生连接，构成知识网络。从思维层面看，构建个人知识网络是一种"学习者"思维。

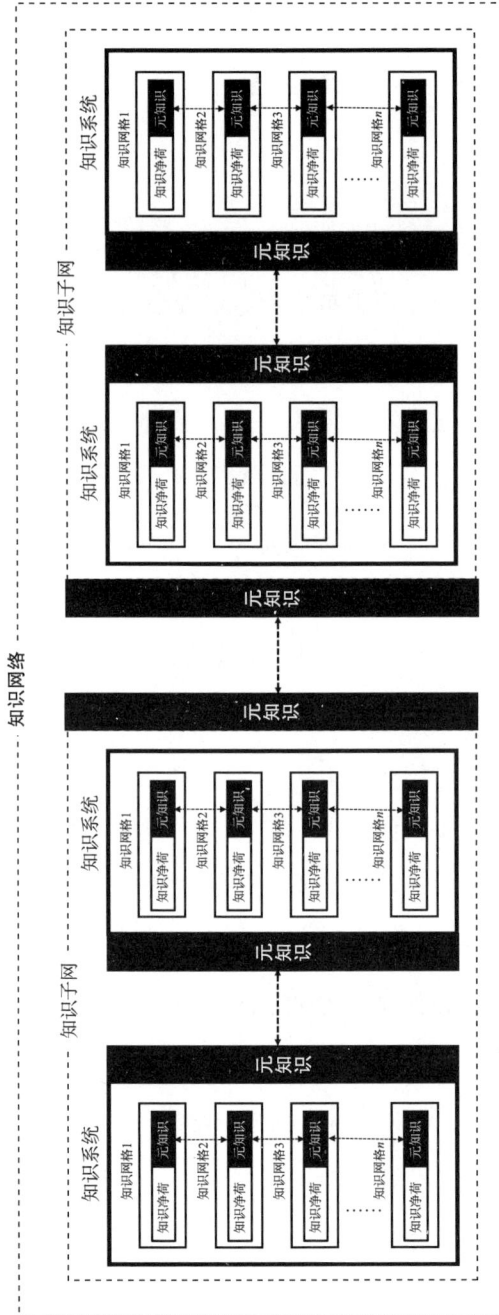

图 1-8　知识网格化管理结构形成的知识网络

2022 年，新东方旗下的"东方甄选"爆红网络。人们万万没有想到，教英语的董宇辉居然成为直播带货界的又一个头部达人。如果我们花点时间去复盘一下董宇辉的成名之路就会发现，当你有能力把两种看上去毫不相干的行业知识连接起来时，就能找到一个创新点。"东方甄选"居然在直播间教英语、讲历史、讲哲学，甚至吹拉弹唱。网友们表示，看"东方甄选"的直播就像是上课，在直播间买东西也不是买东西，而是交学费。

董宇辉老师用行动告诉我们，知识永远是改变命运的良药。如果你有知识，又愿意去实践，在教室里教英语和在直播间卖大米，对于你的"月亮"与"六便士"来讲，完全可以共存。当你真正愿意做一个终身学习者时，你的知识网络会不断被拓宽并自然地生长起来。当你遇到问题时，总能在自己持续"经营"的知识网络中找到解决方案。就算有迷茫的时刻，只要静下心来随意翻看或回忆知识网络中的内容，你也很快就会发现创新点，精神抖擞，找到重新出发的突破口。

第二章

知识网格化管理的效能

获取知识管理 5 大红利

————

近几年，随着社会的发展进步，终身学习成了一个热词。国际 21 世纪教育委员会在向联合国教科文组织提交的报告中指出："终身学习是 21 世纪人的通行证。"什么是终身学习呢？就是要学会求知、学会做事、学会共处、学会做人，这"四个学会"被称为 21 世纪教育的四大支柱，也是我们每个人实现终身成长的重要支柱。

"学会"这两个字投射出来的要求是"学以致用"，我们做好个人知识管理的目标，是给"学以致用"做支撑。当下，整个社会发展趋势已由数字化向智能化飞速迈进。这两年，人们明显感觉智能机器人正在抢走我们的饭碗。例如，一家互联网医院的核心竞争力，就是利用人工智能技术在线看诊，给病患开出药方的并非医生，而是这个智能系统。所以很多人都在担心，再这样发展下去，人类将失去工作的资格。

我倒没有这样的担心。在我看来，只要人类自己不疯狂到把一切都交给机器，牢牢把握"使用人工智能辅助提升生产力，协助人类把工作做得更好"这条底线，人工智能就不太可能代替人类把所有事情都做了。事实上，随着智能化时代的到来，在很多传统岗位被人工智能替代的同时，也产生了更多的新岗位。因此，时代并没有抛弃我们，若觉得被抛弃，或许是你抛弃了时代。

只要我们紧随时代发展，保持学习的状态和学以致用的理念，便能成为时代发展进程中一道亮丽的风景线。

毫无疑问，在志愿成为终身学习者时，如何高效地做好个人知识管理，成了摆在每一个人面前的现实问题。我一直热爱写作，但是在 10 年前，我从来没有觉得收集海量素材很重要。

随着自媒体的出现，创作节奏的加快，我越发觉得如果没有一个支撑创作的知识网络，就无法满足自媒体内容创作需求。在传统媒体时代，我半个月写一篇文章就很洋洋自得了，还被大家称赞"很高产"；现在，如果你想运营好一个自媒体账号，保持日更一篇的节奏是底线，如果你一周才能更新一篇内容，别人会"笑话"你这是在闹着玩。

同样，10 年前我也从来没有觉得有必要结合自己的工作岗位专门做一个知识库，来管理我的岗位知识。因为每天工作就那么几件事，我早已烂熟于心，只要凭重复使用了千百遍的经验，就可以轻松搞定工作中面对的所有问题。

但现在不一样了，随着技术、体制、组织、流程、设备的发展和革新，曾经熟悉的工作开始变得陌生，如果没有一个"工作岗位知识库"，我明显感觉脑容量不够。比如，以前某个设备发生故障，去维修这个设备就好了。现在不行，看似 A 设备告警，真实的原因却可能是其他系统中的某个设备有故障，而且更多的可能是软件故障。

智能化给我们的日常工作、生活提供了便利，但由于系统的层级增多、系统之间的关联复杂，也给我们提出了更多新的挑战。比如，智能手机的语音服务功能对"拨号"功能的释放。以前打电话，你要掏出手机动手拨号；现在不用了，你可以把手机扔在客厅里，躺在沙发上就能使唤它。你让它播放音乐，它就给你播放音乐；你让它给谁打电话，它就给谁打电话。然而，如果手机发生故障，而你作为一名手机维修工要想修好它，就不像以前那么简单。没有专业知识库的支持，面对复杂的手机系统，你可能无从下手。

这是一个智能化的时代，更是"知识爆炸"时代。如果说以前爆炸的是"知识炮弹"，那现在爆炸的就是"原子弹"，爆炸之后产生的碎片更多。时间碎片化、知识碎片化，已经成为一种很难逆转的趋势，因为人类大脑更喜欢接受"碎片化"信息。

比如，推荐你看一部 120 分钟的电影，你可能会以没时间为由拒绝。如果把 120 分钟的电影切分成 60 个片段，每个片段只有 2 分钟，然后推送一个精彩的片段给你，你大概率会点开。

接下来会发生什么？你极有可能看完 2 分钟，再看 2 分钟……不仅看完这部电影，还看了其他视频，因为你觉得就 2 分钟而已。更何况现在很多短视频只有几十秒，甚至不到 10 秒，你并不觉得多看一个会浪费很多时间。

现在流行用短文、短图、短视频引流，毕竟留住一个人的最佳方式，就是想办法占有他的时间，而碎片化信息更容易抢占用户的时间。

140 字的微博迅速流行时，大家都以"玩"的心态参与其中。现在，微信朋友圈、微头条、各种短视频都以"知识产品"的形态出现，我们还是用"玩"来形容。但以前是纯玩、纯娱乐，现在玩朋友圈、玩微头条、玩微博、玩短视频，则都在强调"玩"出生产力，"玩"出变现力。

面对这种形势，如果你不主动把知识碎片化，就会失去很多成长的机会。整个时代的人都在"玩"碎片化，你不玩不行。因此，我提出知识网格化管理，试图既把知识碎片化，又能通过连接把碎片化知识形成一个整体，呈现出"形"散而"神"不散的态势。

本书第一章开头提到个人知识管理的 5 大桎梏分别是连接失效、存储无序、标签混乱、管理失配、复用困难，如果我们采用知识网格化管理模式，就可以在 5 个维度提升知识管理效能，实现个人知识管理精准适配、快速连接、高效复用、随时共享、长期受益，如图 2-1 所示。

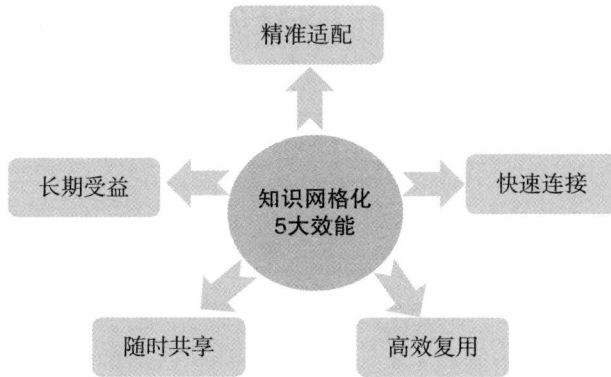

图 2-1　知识网格化管理的 5 大效能

第一节　精准适配：为知识点量身定制使用场景

面向未来学习，在当下看见收益

知识的精准适配，重点是实现知识信息的**"存—用"**适配。知识网格化管理采用了结构化思维模式，强调用知识管理知识，每一条知识记录都由元知识控制，让知识存储的物理空间和逻辑空间固定而清晰，不仅有效解决了存储混乱的问题，还解决了存与用的适配问题。

因此，知识存储的物理空间结构化，有效解决了知识存储混乱的问题；逻辑空间结构化，解决了知识使用路径不明确的问题。经常写笔记的朋友一定深有感触，写笔记的目的大多是复习考试、积累写作素材、工作复盘，问题复查等。

知识适配，主要分为前适配和后适配两种情况，如图 2-2 所示。

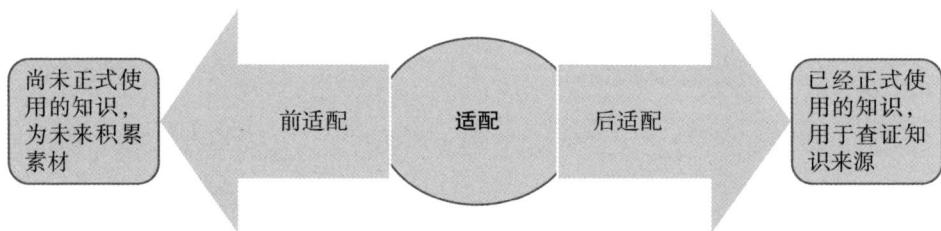

| 尚未正式使用的知识，为未来积累素材 | ← 前适配 | 适配 | 后适配 → | 已经正式使用的知识，用于查证知识来源 |

图 2-2　知识精准适配的主要用途

第一，前适配知识。这主要指尚未被正式使用、用于积累未来会使用的素材信息，比如在阅读、工作、生活中记录的笔记或个人想法，预备将来在某处使用的知识。

我一直认为自己不够聪明，记忆力也不好，所以我信奉"好记性不如烂笔头"，养成了随时记录的习惯。读书时，读到精彩的内容，我会划线、写想法。在工作、生活、学习中，我也不会错过任何一个突发灵感，想到什么就第一时间记录下来。与人进行主题交谈，讨论到热烈时，我也会拿出手机录音备份，事后再用语音识别软件将其转成文字并记录到笔记中。

以我的经验来看，新奇的点子总会在不经意间产生，尤其是在与他人进行热烈交流时，经常会冒出一些金句和独特的观点。有些精彩的观点，有时候连我自己都没有意识到。如果不及时记录下来，可能讲完了就结束了，这些"金点子"不会再有后续，但记录下来后，它们就可以在完成某项工作时发挥关键作用。

我周边的朋友都说我是个"快枪手"：在临机决断时，我通常能快速做出决定并提供相对可行的解决方案；在紧急需要写稿子时，我也能快速"堆"出一篇来"应急"。

事实上，哪里有什么"快枪手"，无非就是平时喜欢记录，并重视这些记录，把大量的时间花在积累、整理知识信息上，相当于把工作做在了前面，也可以说是一种厚积薄发。

在发现"知识网格化管理"方法后，我的知识管理变得更加高效，但这种高效并不体现在知识存储方面。因为每次存储知识都要按规则去整理，在没有形成一套适合自己的知识管理方案时，比如元知识体系不完善，整理知识的确会占用很多时间。但在整理的过程中，由于要考虑元知识的定义、设计元知识在未来的使用，我不得不多花时间思考，也激发了自己的思考动力，从而促进了知识的高效使用。

第二，后适配知识。这主要指存储的知识已经被使用过至少一次、适用于查证知识来源的信息。比如，你在写作过程中需要引用一句名言、一个案例、一份数据、一张图片等，临时从互联网平台或图书中获取到相关信息，直接插到正式写作的文档中，是为完成写作后查证来源而记录的信息。

我们可以把完成的工作看成一个项目。任何项目在实施过程中都会产生大量的过程文档或数据，包括文字、图片、视频、音频等。如果没有做好结构化管理，就算这些过程数据都被完整地保存了下来，也会因为产生的碎片化过程数据太多，导致在项目完成后面临溯源、查证异常困难的问题。

例如，在写作论文时，我们会从各个渠道选取素材。论文中的引文、图片、数据、案例等来源不一，如果没有及时做好记录，写作者就会忘记它们的来源；论文中的一些表达，有的是作者结合自己对文献资料的理解复述的，时间一久容易误以为就是自己的原创，发表后被人指出才发现自己是"抄作业"，埋下侵犯知识产权的风险。

做知识网格化管理，可以让我们养成良好的记录习惯。在写作中每搜索到一条信息，都存放在指定的项目文件夹中，每条信息占用一个文档，在文档中区分记录信息的来源、内容和自己的想法，让每个文档都有一个独立的标题，形成一个独立的知识网格；再利用软件的链接功能通过元知识和有关联的知识建立连接（知识网格之间如何建立连接，详见本书第三章第五节和第四章）。这样不仅可以为使用知识后的查证溯源提供便利，同时也可以将"后适配知识"转换成"前适配知识"，为未来创造新知识提供素材。

知识的前适配和后适配是相对概念，例如，你在写一篇论文时引用了某位专家提出的观点，专家的观点被记录在特定的知识网格中。此时，这个知识网格对于该篇论文来讲，属于知识的后适配管理素材。未来某天，你在一次交流会上又引用了这位专家的该观点，这个知识网格对于此次交流发言来讲，就是知识的前适配管理素材。

所以，我们讨论问题，一定要树立"相对"的观念，即设置前提。没有前提条件约束，任何思考与讨论都如脱缰野马。这也是做知识适配需要特别重视的，设置知识适配的前提和边界，才能产生具体并实际有效的结果。否则，无限的联想会让你陷入思维的"黑洞"，一直在思考却没有具体收获。例如，当阅读到一种思维模型时，你开始思考这个思维模型未来可以在哪些场景下使用，刚开始可能一种也想不出来，随着思维发散开后，可能会想出 100 种、1000 种、10 000 种。但这可不是什么好事，因为你可能一种都不会实践，时间全花在了联想"思维模型"与"使用场景"的适配上。我建议在记录知识时，思考知识在未来的使用场景最好不超过 3 种，相对于适配更多的使用场景，更重要的是立即适配一个有价值的场景去使用知识，让知识变现。虽然我们常讲"没有方向，所有努力都不会有结果"，但是方向太多，也容易迷路。

第二节　有效连接：秒级调取知识并串接成文

厘清知识 3 种关系，找到快速写作的窍门

　　知识的连接，从知识的规范管理角度讲，是由元知识体系决定的；从知识的认知逻辑角度讲，是由个人的知识串接能力决定的。知识网格化管理可设置"永久连接、软永久连接、交换连接"3 种关系属性（见图 2-3），实现知识连接规范管理、快速调取、有效连接。

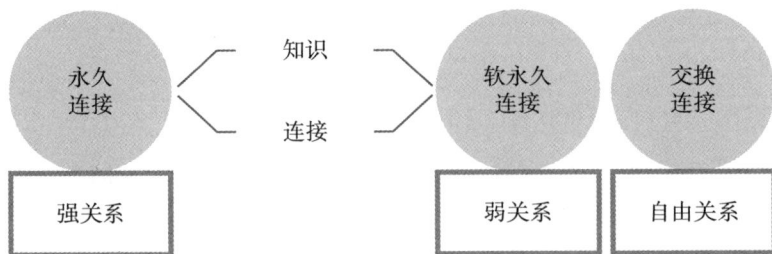

图 2-3　知识连接的 3 种关系属性

　　第一，永久连接。 这是指知识点之间具有某种强关系。同一个学科、同一本书、同一门课程的知识点之间通常发生强关系。例如数学公式和其配套的例题之间的关系。我们只要运用人们共通的常识判断就可以确认这种关系，它不会随着个人的意志与思维改变。

　　基于这个逻辑，通常同一个知识系统内的知识点，均应建立永久连接关系，相当于设置了一种无条件连接关系。这样做有利于对知识进行垂直管理和复习，有利于无灵感阶段的内容创作。例如，你要参加考试，可以把考点分类存放在知识网格中，形成一个专门的备考系统。这样一来，一

个知识网格就相当于一张"考点知识卡片"，而不同知识网格之间又建立了永久连接关系。在复习过程中，可以帮助你快速厘清知识点之间的逻辑关系，从而达到融会贯通的效果。

在写作实践中，建立永久连接关系的知识网格，可以有效激发创作灵感。我经常使用这种方式创作书评、讲书脚本和课程教案。例如，每读完一本书，用书名创建一个项目文件夹，把这个项目文件夹视为一个知识系统，然后把读书笔记整理成知识网格。从元知识的角度看，无论知识网格之间是否存在设置连接的必要性，我都设置连接。之后，我按照从前往后的顺序浏览笔记，一旦产生创作灵感，想到一个创作主题，就立即新建一个文档窗口把这个主题写下来，再围绕创作主题把相关的笔记都复制过来，筛选、分类、转述、串接逻辑。如此，便能轻松形成书评初稿。

第二，软永久连接。这是指知识点之间具有某种弱关系。这种关系存在于知识子网中，类似于七大姑八大姨、堂亲、表亲及同学、同事、朋友等。你们可能平常不怎么来往，但有事时会互相帮衬。也就是说，你们的关系必须通过"事"来建立连接。因此，弱关系是以"事"为连接基础的，有"事"就建立连接，"事"了（得到解决或消除），则只在知识管理软件中保持连接。

基于这个逻辑，我们在同一个知识子网中跨系统连接知识时，就要考虑知识点是否有连接价值，即连接之后能不能搞出点"事"来。比如，你要写一篇文章，主要知识来源于 A 知识系统，但也需要用到其他知识系统中的内容，丰富这篇文章的观点。

我从 2018 年开始写书评和图书解读类稿件，业内的人都说写这类稿件一定要"基于原书，有信息增量"。基于原书主要是指基本观点、思想和方法论，不能随意改变，写出来的书评或图书解读稿，不能脱离原书的主旨，不能随意编造内容。在读完一本书后，以输出解读稿为目的建立一个专门的知识系统，只要使用该知识系统内的知识，就可以满足"基于原书"的要求。通常，同一个系统内的知识均要建立永久连接关系。

但是，"信息增量"就必须采取旁征博引的方式，丰富图书解读稿的内容，把观点和方法论述清楚，解读原书中的知识点并给读者提供新的阅读视角，启发读者思考或让读者有一种恍然大悟的获得感。因此，要解决"信息增量"的问题，就必须做主题阅读，可以阅读同类图书，也可以阅读从其他渠道获取的同类知识信息，发现可以拿来使用的知识点。此时需要采用知识网格化的方式建立连接，相当于建立软永久连接，方便在写稿时调用。

那么，建立软永久连接的知识网格，在完成写稿任务后，要不要拆除连接呢？我认为，没有必要拆除。从用软件管理知识的角度讲，你只是在知识网格中添加了一条链接。这条链接的存在，并不影响你再添加其他链接。知识网格之间的连接并不是简单的一对一关系，可以是一对多或多对多的关系。从使用知识的角度讲，知识被使用，连接才发生，知识不被使用，就不存在任何有实际意义的连接。

"软永久连接"由"软"和"永久连接"组成。"软"的意思是"物体内部的组织疏松，受外力作用后，容易改变形状"。知识点之间的软永久连接，是一种基于"事"的连接，"事"即外力，使用知识代表用"事"去激活知识的能量，知识的存在形式随之发生变化。完成写稿任务后，如果没有新的需求，即无"事"，所谓的连接会从思维与行动中自动消失。

第三，交换连接。这是指知识点之间具备自由适配关系，适用于跨子网连接知识。从理论上讲，任何知识之间都可以发生关联，能否让知识网络内的知识点产生有效连接，在于个人的认知水平及应用知识的智慧。

我们时常会发现，那些在关键时刻帮助我们的人，除了亲朋好友，还有陌生人。出版《写作公式》后，我发现那些给我点赞、花钱买书支持我的人，都是平时不怎么来往甚至先前完全没有来往的陌生人。当然，陌生人愿意买我的书，也是因为我的书能为他们提供价值，或者他们认为阅读我的书有可能解决现实问题，这也相当于一种价值交换。

基于这个逻辑，跨子网的知识连接是一种基于价值驱动的连接。在日常工作中，我们经常会碰到这样的情况：一些仅应用本领域的知识无法解决的问题，却可以在其他行业的知识中找到灵感和解决方案。这需要我们树立侧向思维，保持开发连接的态度，不拘泥于头痛医头、脚痛医脚。

我们在做知识连接时也是如此。比如，你要写一篇育儿文章，需要在文章中为小孩的一些特殊行为提供解决方案，必然要分析小孩为什么会有这些行为，而这些仅用常规育儿知识是无法解释的。但是，如果你借用脑科学、神经科学领域的知识，就能把特殊行为背后的原因说清楚并提出有效的解决方案。这时，你记录在脑科学、神经科学子网中的知识，便给你在育儿领域的创作提供了价值。当然，脑科学、神经科学领域的知识也通过你的创作融入育儿领域，使其价值得到充分发挥。这就是知识跨子网进行交换连接后产生的效益，不仅启发我们树立侧向思维，提升创新思考力，更能横向拓宽知识的应用广度，纵向支撑内容创作的深度。

第三节　高效复用：用元知识激发创作灵感

巧用关键词创作法，想写就能写

知识是一种无形资产，其释放的能量如水，可以滋养你的整个人生；如光，可以照耀你的前途；如山，永远是你最坚实的依靠。知识的可再生能力取决于掌握并应用知识的人，知识不仅具有指数级增长的复利性质，也具有可无限拓展的复用属性。采用知识网格化管理后，可以提升知识的循环利用率。

我在进行内容创作时，经常使用"关键词创作法"。无论是否有明确的创作主题，都可以把元知识视为关键词，以串接关键词逻辑的方式，搭建创作框架，再应用知识网格中的内容填充框架，论述知识点，串接知识点逻辑成文。具体操作步骤如图 2-4 所示。

第一步	浏览元知识体系
第二步	提取当前感兴趣的元知识，作为创作关键词
第三步	确立创作主题
第四步	利用关键词搭建创作框架
第五步	从知识网格中提取知识内容填充框架
第六步	论述知识点
第七步	串接知识点逻辑成文

图 2-4　关键词创作法操作步骤

例如，我在阅读《销售脑科学：洞悉顾客，快速成交》一书后，受邀写一篇书评，当天就要交稿。时间紧、任务急，重新读一遍书已经不可能，于是我先利用文字识别软件，扫描识别阅读时标记的重点，整理成读书笔记导入知识管理软件中。然后采用知识网格化的方式，把对应的元知识提取出来，做成思维导图。最后浏览元知识，使用关键词创作法完成书评。从整理读书笔记到交稿，整个过程不到 3 小时。使用关键词创作法搭建的书评写作框架如图 2-5 所示。

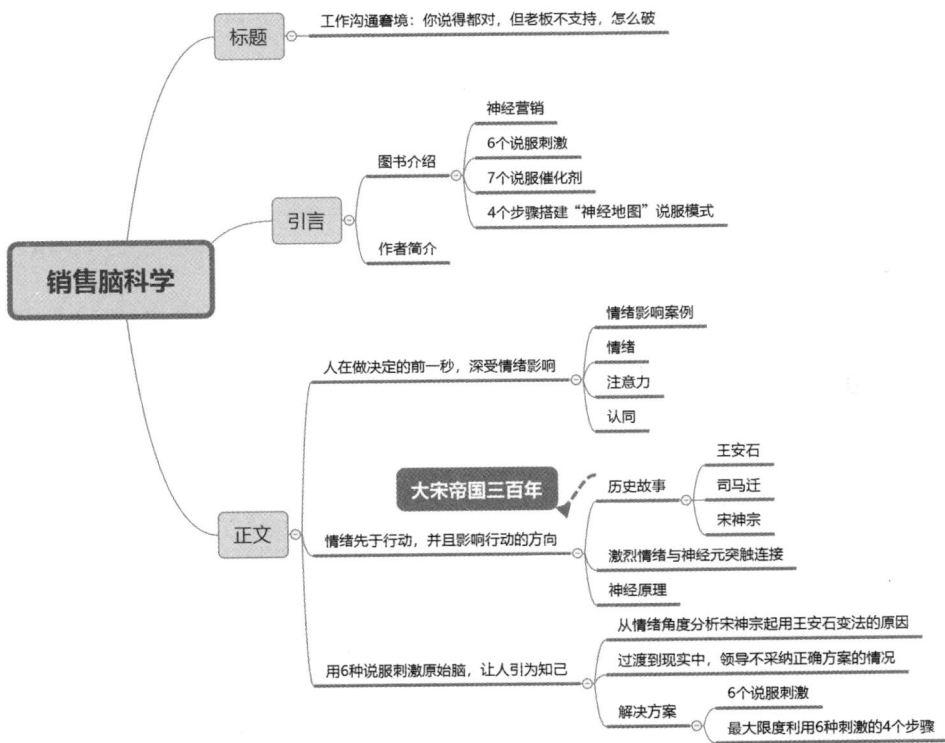

图 2-5 关键词创作法搭建《销售脑科学》书评写作框架

从图 2-5 可以看出，我在创作这篇书评时，用到的核心关键词只有一个，即"情绪"。围绕"情绪"这个关键词，我从读书笔记中提取了"6 个说服刺激、最大限度利用 6 种刺激的 4 个步骤、神经原理"3 个元知识作为写作的关键词。接着，我从个人知识网格中调取了《大宋帝国三百年》一书的读书笔记，完成了书评大部分内容创作，整合内容的时间不到 30 分钟，另花了 2 小时串接知识点、理顺书评逻辑并完成书评打磨修改。

感兴趣的读者朋友，可以关注公众号"释若读书"，搜索"销售脑科学"，即可查看这篇书评的详细内容。采用知识网格化的方式管理知识，配套数字化知识管理软件的辅助支撑，仅浏览你创建的元知识，就可以激发创作灵感，在不同的时间根据不同的需求，创作出不同形式、不同价值、不同适用场景的作品，实现知识复用效率倍增。

第四节　随时共享：让知识在流动中汇聚流量

用碎片知识吸引流量，轻松获取时代红利

知识是照亮生命的明灯，可以为我们积蓄财富、聚集朋友、创造机会。人类之所以成为地球的主宰，一个重要原因就是人类发明了文字，利用文字传播知识。

读书，永远是获取知识最直接、最简单、成本最低的方式。使知识发挥价值的诀窍在于两点，一是信息差，二是分享。在过去，谁抢占了信息差优势，就能从众人中脱颖而出。那时候，知识的传播与迭代相对较慢，分享知识的节奏不需要那么快，拥有知识的人在开展知识变现活动时更倾向于保守思维，随便掌握点窍门，就被视为"秘方"或"独门绝技"，使用而不轻易传授，能使自己拥有的知识增值保值。

随着互联网和数字化技术的兴起，获取信息的难度越来越低，虽然信息差依然存在，但是发挥知识价值的方式却发生了变化。当下，如果谁还试图以守着"秘方"的方式来保持知识优势，显然已经没有出路。在"知识爆炸"时代，唯有尽快把掌握的知识分享出去，才能让知识变现，也只有在分享的过程中，才能让知识增值。

这个时代，给普通人带来了更多的知识变现机会，无论你是否有原创能力，都可以通过分享知识获取流量，并让知识在流动中汇聚更多流量。一如大海只有汇聚流水，才能成就汪洋。如果不分享知识，你获取的知识再多，都如同山谷最低处的水洼，连望洋兴叹的资格都没有。因此，一定要树立知识分享的意识，才能获取知识共享时代的红利。

随着自媒体平台的兴起，知识的共享生态日趋丰富，小红书、知乎、得到、今日头条、微博、百度、哔哩哔哩（B站）、知识星球等，都在谋求将"信息流"平台打造成"知识流平台"，原本主打"娱乐"内容的抖音、快手，也在大力打造"知识型平台"。"东方甄选"的董宇辉走红，告诉我们直播带货有了知识撑台便如虎添翼。掌握知识、分享知识才是最可靠的"流量"密码。如果你问我有没有一个引流的万能密码，答案一定是"分享知识"。

当然，能收获多少知识红利，取决于你掌控知识所处的层次。我认为，做知识变现的人，可以分为 3 个层次。

第一层次，博学型分享者。他们知识渊博且输出的知识原创度很高，输出能力特别强，观点有很强的洞见力，似乎无论遇到什么问题，都能一针见血地指出问题的关键。我见过好几位知识博主，他们在多个平台注册了十几个账号，分别分享不同领域的知识，在每个领域都有很大的影响力和话语权。

第二层次，专家型分享者。他们对某一个领域的研究非常深，通常是一个行业领域的意见领袖，能够持续输出精品内容。这个层次的人是各平台都特别喜欢的。平台更希望入驻的博主能专注于一个领域，做出更多的精品内容，更好地提升平台的引流能力。所以，专家型人才在分享知识方面虽然没有博学型人才那么多的赛道，但是其专、精、尖的内容特色，使其变现能力并不一定比博学型分享者差。

第三层次，知识搬运工。他们自己没有多少原创能力，但是特别擅长发现和挑选优质内容。他们一般会注册很多自媒体账号，通过转载、转发优质内容获得流量，从而获取知识红利，实现知识变现。

采用知识网格化管理，无论你处于哪个层次，都能随时随地分享，甚至做到"输入即输出，输出即分享"。知识网格化管理利用元知识管理知识，一旦明确了元知识，即表示确立了知识的主题及属性。比如临时受邀去做一次分享，你无须专门花时间写讲稿，做教案，只需要打开知识管理软件，新建一个文档，在文档中添加与分享主题相关的元知识，然后把元知识做成链接，讲到哪个点，就利用元知识链接到哪个知识网格。因为知识网格中的内容是在你创建知识网格时精心整理和编辑过的，拿来就能用。

第五节　长期受益：碎片知识成就强大学习力

掌握学习力考察指标，所学即所得

　　学习力，通常被人们理解为学习很厉害、学东西很快的能力。其实，学习力是一种把知识资源转化为知识资本的能力。学习力的本质是竞争力。对于个人，考察其学习力有 4 项指标：知识总量、知识质量、知识增量和知识流量，如图 2-6 所示。

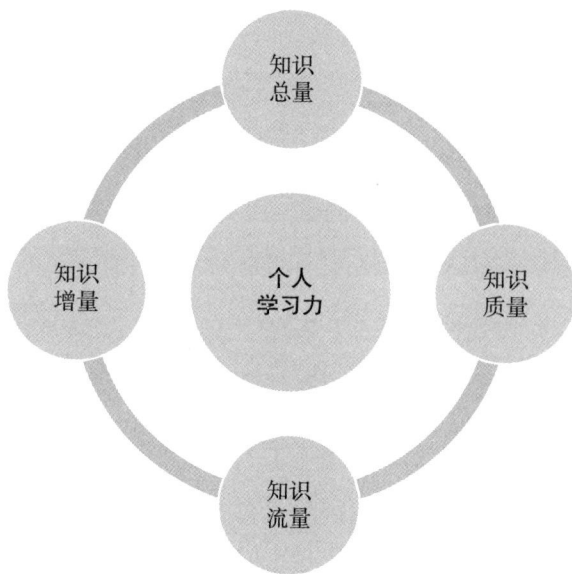

图 2-6　个人学习力 4 项考察指标

　　1. 知识总量。指一个人学习的广度，以及他将自己的知识对组织、社会的开放程度。有些人知识渊博，但从不分享，其掌握的知识顶多能给自己带来价值。真正有智慧的人，一定会把所学分享给他人。

2. 知识质量。指一个人学习的深度，以及他将知识应用于工作、生活的实践程度。有些人特别爱"学习"，积极参与各种共读营、读书社群、读书活动，购买很多图书和课程。他们或许能把每本书都读完，每堂课都听完，但都只是一读就完，一听而过，把学习当成一种体验，把读过、听过当成知道，很少去追求做到。长此以往，容易产生学习焦虑症，越学习越"无能"。这是一种典型行为——用战术上的勤奋掩盖战略上的懒惰。说得更直白些，就是用流于形式的行动逃避真实深刻的思考。

3. 知识流量。指一个人对待新知识的学习态度，以及他结合具体问题更新迭代知识的速度。我们要时刻小心掉入"经验陷阱"。凭经验办事是人的本能，人通常以为过去成功的经验，今天也一定适用；在别处获取成功的方法，在这里也一定管用。殊不知，任何知识、经验、技巧的使用，都有其局限性。我们面对问题时，一定要审时度势，只有勇于尝试用新思维、新方法，思想与思维才能"苟日新，日日新"。

4. 知识增量。指一个人应用知识的创新度，以及他将知识转化成价值、获取知识红利的厚度。如果学习不能让生活变得更好，知识就失去了存在的意义。唯有树立创新思维，才能灵活运用知识，在知识的海洋中发现新的机会、提取新的能量。

知识网格化是对知识进行切片处理，也是将知识有规则地碎片化。将单个知识点进行规整，使用连接的方式自由融合，创新知识应用方案，从而帮助我们有效增加知识总量、强化知识质量、增长知识流量、提升知识增量。

生活在数字化时代，社会节奏加快，人们总觉得时间不够用，"时间都去哪儿了"成了终极之问。每个人在内心都希望放慢节奏，但行动上却争先恐后，试图以快取胜。

无论你是否积累了足够的知识资本，也注定要学会奔跑，才能追上时代的潮流。生活在这样一个时代，必须主动适应奔跑的状态。奔跑很累，但我们可以选择以小步快跑的方式跟上时代的节奏。短视频兴起就是小步快跑节奏的一种体现。

喜欢跑步的人都知道，小步快跑时，身体是最舒服的。事实上，我们的大脑也喜欢"小步快跑"，因此很多成绩优秀的学生，都喜欢做可以随身携带的卡片笔记。比如，让你记住 1000 道题，每道题约 30 字，打印出来有几十页，想想就畏惧。但是，如果把这 1000 道题进行分类，同类题型放到一起，每天发 100 道给你，持续 10 天，你掌握它们的信心就会增加。如果改成每天发 10 道题给你，持续 100 天，你就会觉得这不是什么难事，因为每天只要记住 300 字就可以了，而这 300 字都是分类整理出来的，在内容形式上存在明显的逻辑关联。

做知识网格化管理的第一步是对知识进行分类，而后再做知识连接。比如，你写了一篇读书笔记，给这篇笔记添加标签，就相当于将其划归至某个知识系统。这样的知识管理方式，有利于提升学习力。

当前，打造个人品牌是个热点词，其实无论生活在哪个时代，只要想获取更多的资源、拥有更多的话语权，都需要打造个人品牌。而打造个人品牌，定然需要强大的学习力做支撑。

华为原中国区规划咨询总监邓斌在《华为学习之法：赋能华为的 8 个关键思维》一书中写道："如果华为只留下一项核心能力，那一定是学习能力。"对于个人来讲，拥有学习力，即拥有核心竞争力。

落实到个人学习的实践层面，个人学习力 = 阅读力 + 记忆力 + 写作力。

而要提升学习力，专注力是基础。比利时作家罗德·布雷默（Rod Bremer）在其著作《如何成为学霸》中写道："专注力是一个人智力发展的基石，没有专注力，就无法思考；无法思考则无法学习。"

知识网格化管理，以特定的结构存储知识，以创新为主导的逻辑连接知识，本质是将知识简单化，显然有助于提升学习力。因为大脑是懒惰的、畏难的，对复杂冗长的知识会产生天然的厌倦。很多人讲，我们就是要反本能，要走出舒适区，才能获得成长，要不然怎么提升学习力？怎样打造个人品牌？没错，我们要反本能，但"反"并不代表对抗。就如洪水来了，"水来土掩"并不是唯一的抗洪方式，人类几千年的治水经验告诉我们，面对洪水时，堵不如疏。我们在反本能时，也可以因势利导，选择用大脑喜欢的方法，开启学习模式。用知识网格管理碎片知识，和时间做朋友，每一个记录在案的知识点都会在连接状态下诠释"少即是多"的真谛。

第三章

用知识管理知识

看透知识本质，洞见知识价值

————————

　　"知识改变命运"是一个很朴素的道理，而知识之所以能够改变命运，是因为知识中蕴含着智慧。在现实世界中，迷茫与无助大多源自认知不足——没有足够的智慧，总是看不透问题的本质。

第一节　知行合一学习体系

5 步洞察人、事、物底层智慧

美国著名管理学家赫伯特·西蒙有一句名言："管理就是决策。"同理，知识管理的核心亦是决策。用知识管理知识，并非简单地管理知识信息，而是通过加强对"人、事、物"的管理，充分发挥好知识的决策功能，提升人的主观能动性，坚持做正确的事，用"事"驱动物质世界，使其能量在"事"中发挥价值，给人带来有价值的回报。

"用知识管理知识"的理念，第一个"知识"表示应用知识的智慧，第二个"知识"表示管理的主体是"人、事、物"。"人"即管理知识的执行者，"事"即人对物施展行动的媒介，"物"即客观存在的事物。这三者就是用知识管理知识的 3 个核心要素，如图 3-1 所示。个人知识管理是围绕实现成长目标进行的一系列决策活动。

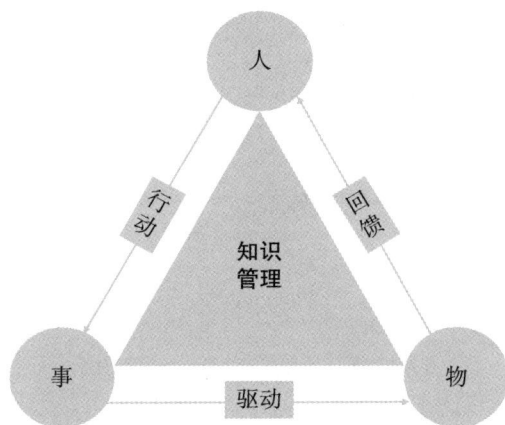

图 3-1　用知识管理知识的 3 个核心要素

多数时候，我们能否在正确的时机选择正确的方法做出正确的决策，是解决问题、做出成绩的关键。我们常听人讲"没有功劳也有苦劳"，如果冷静下来仔细思考，就会发现这句话是在表达一种失败的委屈，是乞求原谅的说辞。

实际上，如果没有功劳，一切苦劳都是徒劳。而如果真有苦劳，又怎会没有功劳？一切没有产生绩效的付出，要么是努力的程度不够，要么是努力的时间太短。一句话：还欠点儿火候。

我们做事情难的是走出第一步和走完最后一步。

我在读《王阳明传》时，深感"读书铭志"的重要性。读书获取知识，只是知识管理的一个环节，做到知行合一才是用知识管理知识的核心要义。无论我们所处何种时代、处在何种人生阶段、生活在何种环境，都应围绕"确立目标、获取知识、分享知识、实践知识、创新知识"5个维度建立知行合一的学习体系（见图3-2）。

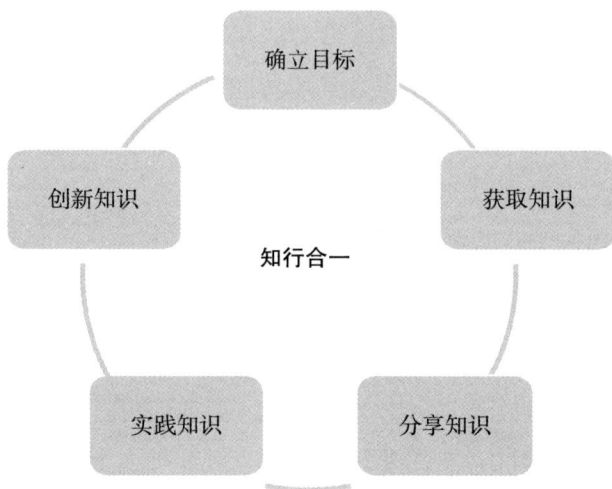

图 3-2　知行合一学习体系的 5 个维度

1. 确立目标。英国政治家切斯特菲尔德爵士有一句名言："目标的坚定是性格中最必要的力量源泉之一，也是成功的利器之一。没有它，天才也会在矛盾无定的迷径中徒劳无功。"如果你想做一个行动上的巨人，必须确立一个明确的目标。

个人成长教练品牌课创始人易仁永澄老师分享了关于如何确立目标的观点，他认为确立目标"源于心、脑加工、心脑协同完成"，即发端于内心，再通过大脑深入思考确认，最终形成强烈愿望，从而认同目标的可行性。结合易仁永澄老师的观点，我将确立目标的过程归结为以下 5 个步骤。

第一步，阐述直接意图，即清楚到底想要什么？通常是你突然产生的想法，将其以文字的形式记录下来。

第二步，表达积极意图，采取连续提问的方式，确认实现目标后可以具体给你带来哪些收益，从而坚信目标的价值。

第三步，现状分析。回归现实，思考你的现有条件和目标之间的差距，有没有好高骛远，是不是有能力、有办法、有渠道解决相关问题，确保目标可如期实现。

第四步，找准关键挑战。列出现状分析清单，确认清单中有哪些关键活动，每个关键活动都要写出具体的应对策略和详细的解决方案。

第五步，用 SMART 原则检验目标的可行性。

2. 获取知识。我认为，获取知识是一个有选择的持续活动。20 世纪初，意大利经济学家帕累托提出了著名的二八定律。他认为，在任何一个组合中，能对结果产生重要影响的只占约 20%，其他 80% 都是次要的。我们在获取知识时，一定要深入思考哪些知识是自己真正需要的。特别是在互联网时代，获取知识非常便利，更要仔细甄别。我曾看到很多书友热衷于囤积知识，但从来没有使用过。因此，我们要选择自己能理解、可消化、需使用的知识。本书第四章对如何有选择地获取知识有详细介绍。

3. **分享知识。** 费曼学习法有一个理念，就是教会他人。在学习过程中，一旦承担了分享者的角色，你就明显会增强学习的使命感和责任心。我曾参加一个共读社群，有位书友总说自己读不懂书，群主就和她讲："下周请你给大家讲书。"她觉得自己肯定不行，但是群主却再三鼓励她，书友们也说想听她分享。结果，她不仅分享了一本书的核心知识，还给书友们做了答疑，赢得了大家的一致好评，纷纷表示如果她要做讲书专栏，愿意付费购买。本书第六章对如何提升分享表现力提供了解决方案。

4. **实践知识。** 实践是检验真理的唯一标准，也是掌握知识的重要方式。为什么你什么都知道，但碰到具体问题时，却觉得自己什么都不懂？因为从知道到做到，还有一个刻意练习的过程。经常有书友问我，为什么别人能用你分享的写作方法写出变现文案，而自己却连句子都写不通顺。我通常都会说，每个学着用筷子的小孩，其实都已被家长教会了使用筷子的正确方法，但他们依然拿不稳筷子，依然夹不住菜，因为他们需要练习用筷子的过程。如果你坚持使用有效的读书笔记模板，每天写 300 字读书笔记，一年后你就不会再害怕写作，你也可以写出能变现的文章。每个人的基础不一样，人家听完方法介绍就会用，是因为其本身就具备这个能力，只是没用过这个方法而已。

5. **创新知识。** 随着短视频行业的兴起，各种短视频变现营如雨后春笋般冒出来。然而，能变现的似乎还是那些人，"小白"依然是"小白"，哪怕拥有了几十万粉丝，依然没有变现能力。原因是这些人没有可供变现的作品，短视频是个引流产品，你还需要有一个可以销售的变现产品。所以，我经常讲，短视频引流，作品变现。

很多人短视频做得很好，可往往一提到创作自己的作品，就觉得能力不行、水平不行。其实，可以从模仿开始，先模仿再创新。在我看来，先"抄"后"超"，是一个不错的选择。

当然，我说的"抄"，不是复制粘贴，不是"抄袭"，而是去拆解别人的作品。比如，你想做一个写作课，那就拆解几个写作课，从中发现共同点、不同点和共同空白点。在共同点中吸收精华，把不同点整合在一起，在能力范围内填补共同空白点。第一次创新不要追求完美，先创作出第一个作品来，拿出去分享，收到反馈后再迭代升级。

创新，只有先去创作，才有更新的可能。"创"这个字的意思，就是"开始做"；"新"这个字的意思，就是与之前的相比，是刚出现的想法或刚得到的经验。别人的作品是旧的，你拆解出来形成的东西是新的。

《论语》中有一句话："温故而知新，可以为师矣。"我对这句话的理解是，通过学习别人的知识，能结合不同场景举一反三，总结出可用的经验，就可以当别人的老师了。比如，阅读一本育儿类的图书，拆书成课，就拥有了自己的作品。事实上，拆课、拆书、拆名人经历、拆书成课、拆课成书等，都是"温故而知新"的具体体现，都是非常宝贵、非常有价值、非常受人喜欢的。

我认为，心中有愿望，就要珍惜。有不少人，活了一辈子，也不知道自己想要什么。勇敢去做自己想做的事，即便遭遇挫折又如何呢？你来过，你做过，就是最值得炫耀的事情。要知道，所有成功的人分享自己过去的经历，往往会把那些难熬的日子视作最动人的故事。所有苦难，终将成为你自豪的资本和值得他人敬仰的资格。

　　每一个在艰难中保持求索姿态的人，都拥有超出常人的毅力与豁达。中国历史上的孔子、王阳明就是很好的证明。

　　孔子一生经历了"幼年丧母、中年丧妻、老年丧子"之痛，却依然坚持研究经世之学问，周游列国，年逾七十而著《春秋》①，为中华文化留下了儒家瑰宝，成为一代圣人。

　　王阳明一生跌宕起伏，从小立志当圣人，从十七岁开始参加科考，屡次不中，一直考到二十八岁，才终于考了个二甲进士第七。本来在官场春风得意，却因得罪宦官刘瑾被贬到贵州龙场驿站，当了个小驿丞，而且在赴任的路上还遭到追杀，差点儿丢了性命。

　　但是他不仅没有因此而消沉，反而重拾当圣人的梦想，潜心读书，在龙场悟道讲学，在明朝生死攸关之际，挺身而出，挽大厦之将倾，救黎民于水火，用丰功伟绩诠释知行合一。

　　以王阳明先生的实践为例，他的学习目标是成为圣人；他获取的知识以儒家为主，兵家为辅，广泛涉猎诸子百家；在龙场讲学及后期的守制讲学，是他分享知识的行动。如果没有龙场讲学，他的思想和才华就不会被人知晓，如果没有守制讲学，他的思想就很难得以万世流传；利用所学建立功勋，就是他实践知识的具体表现；发表"阳明心学"就是他创新儒学的具体实绩，相当于在传承的基础上创新知识。以解决现实问题的态度去创新，便是知行合一。

---

①《春秋》是中国第一部编年体史书，相传为孔子根据鲁国国史修订而成。——编者注

第二节　搭建个人知识网络框架

用好 SMART，精准成长

　　元知识管理目录是搭建个人知识网络的基础和框架。知识网格是知识管理的基本单元，知识信息是知识网格中的知识净荷，元知识是知识网格的管理信息，即知识信息的管理者。我们通过元知识判断知识信息的类别、用途及基本含义，通过知识连接形成知识系统、知识子网、知识网络。我们可以把知识信息网格化最终形成知识网络的过程，称为知识网格化的映射复用过程，如图 3-3 所示。

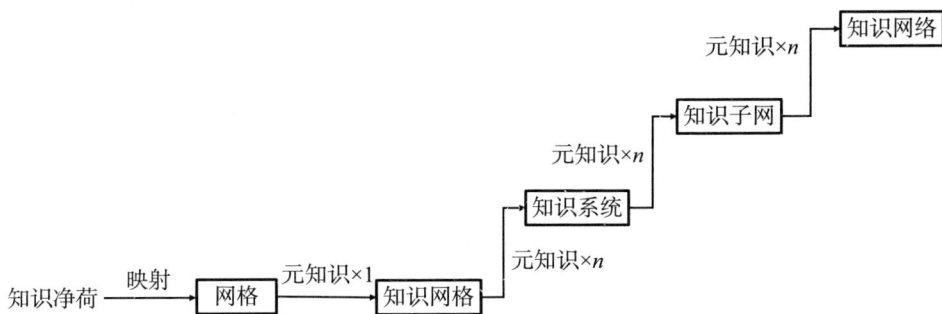

图 3-3　知识网格化的映射复用过程

　　图 3-3 中相关概念解释如下。

　　（1）映射，把知识信息存入空白的存储空间。

　　（2）复用，将多个知识网格、知识系统或知识子网以连接的方式捆绑在一起，在物理和逻辑上形成知识整体。

　　（3）网格，可以存储知识信息的单位空间。

如果把知识网络看成有不同功能区域的大仓库，分别存放不同类别的知识信息；知识子网好比仓库的某个功能区域，如"易碎品"区，即知识子网内存放的是同一类别的知识信息；知识系统好比一个货架，用于摆放同一品牌、同一型号的物品，即知识系统内存放的是功能相同的知识信息；知识网格好比装具体物品的盒子，即知识网格内存放的是具体的知识信息；元知识则好比标签，用于标明盒子内装的是何种物品。例如，把一个装水杯的盒子看成一个知识网格，装在盒中的水杯是一个实体，即具体而有价值的知识信息；盒子上写着的水杯的品牌及型号等信息就是元知识。

从图 3-3 可以看出，元知识的主要功能是连接、控制、复用知识网格。建立元知识管理目录的过程，就是搭建个人知识网络框架的过程。做任何事情都要有框架，创建元知识管理目录，就相当于确立个人知识网络的组成结构和管理框架。

彼得·德鲁克有句名言："21 世纪管理应该做的，就是增加知识工作和知识工作者的生产力。"元知识管理目录，正是为解决学习目标不明确、知识拓展无边界、知识应用无场景、个人成长方向不清晰等问题而设计，从而有效提升个人知识管理效益。

创建元知识管理目录是一项专门针对个人知识管理的规划活动。它通常以个人成长意愿或目标为主题，即你首先要想清楚自己想成为一个什么样的人，然后再向下沉，从工作、生活两个方面去规划，写清楚你未来想做什么工作、想过什么样的生活，把这些问题描述清楚。在规划自己的未来时，一定要有明确的衡量指标，比如到什么时候，我要做成一件什么事情，获得多少收入。

因此，我们可以借用框架思维，完成元知识管理目录的创建工作。框架就像一栋楼房的主体，房子的面积、功能区域等由主体决定。创建元知识管理目录需要进行深度思考，思考的结果由认知决定。我推荐一个帮助思考的认知框架，它能带你把各种认知串接起来，换言之，当你深入思考某个问题时，它能激活你的大脑去调用相关知识，在思考的过程中把知识转化成认知，从而搭建你看待某个问题的认知框架。

认知框架由因果律、反事实思维和约束 3 个要素组成。

因果律告诉我们，任何一种现象或结果的发生，必有原因，正所谓"物有本末，事有始终"。

反事实思维告诉我们，做事情要以目标为导向。当你为实现某个目标去做计划时，必然会思考行动过程中可能会碰到的各种情况，什么有利于目标实现，什么不利于目标实现，如何利用好有利因素，如何避免或处理不利因素。尽管所有的问题都是我们想象出来的，可能不会发生，但以防万一，还是要尽量做出预想，把解决方案前置，做好应对准备。

约束，是对反事实思维进行规范和限制，避免预想问题太多，还没行动就把自己给吓住了。我们要预想行动中可能发生的问题，但绝不能杞人忧天，别把"以目标为导向预想问题"的正常活动，弄成"天下本无事，庸人自扰之"的笑话。

基于认知框架三要素，当我们向元知识管理目录中添加一个元知识时，首先要考虑因果关系是否确立，要能够用"因为……所以……"句式讲清楚你添加这条元知识的理由；其次，利用反事实思维预想一下，围绕你的成长计划，你需要哪些领域的知识，建议用思维导图工具罗列出来；最后，约束你的思考，当你要创建一条元知识时，认真思考一下，这条元知识所控制的知识信息能给你带来什么好处，能为你执行的计划带来多少帮助，你是否真的需要与这条元知识相关的知识拓展。

基于此，建议运用 SMART 框架来检测元知识的有效性，SMART 框架由 5 个要素组成，分别是具体的（specific）、可衡量的（measurable）、可实现的（attainable）、相关的（relevant）、有时间限制的（time-bound），如图3-4 所示。

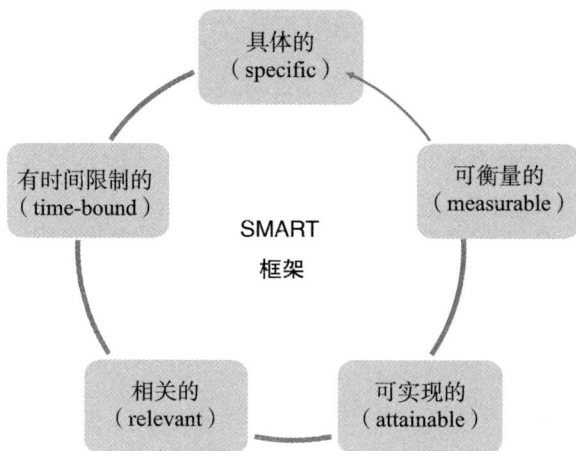

图 3-4　SMART 框架

如何使用 SMART 框架创建元知识管理目录呢？

第一，"具体的"，是要有具体的使用场景，对添加元知识的目标做出明确而详细的描述。例如，添加"＃思维／黄金圈思维"元知识，不能描述为"以后能用得上"，正确的描述是"在写作中使用黄金圈思维"。这就表示，这条元知识可以与"＃写作"相关的知识建立连接。

第二，"可衡量的"，是指要尽可能消除争议，为使用这条元知识建立具体的衡量指标，确保元知识的使用效率，然后在具体描述的基础上补充衡量指标。例如，"写一篇介绍写作技巧的文章，在文中介绍黄金圈思维。"

即这条元知识可以与"# 写作 / 写作技巧"相关的知识建立连接，进一步提升知识的使用概率。

第三，"可实现的"，是指元知识与所控制的知识信息有较强的关联，应注重强化元知识对所属知识信息的控制度，确定元知识的层级合理。知识网格化管理分为网络级、子网级、系统级、网格级 4 个层级。通常来讲，网络级元知识只需要 1 个元知识，建议用"名字 + 知识网络"的方式命名，例如"# 释若的知识网络"；子网级元知识通常按行业命名，例如"# 教育"；系统级元知识通常按专业分类，甚至可以细化到把一本书、一门课程视为一个知识系统，例如阅读了《销售脑科学：洞悉顾客，快速成交》形成的知识系统，就可以命名为"# 销售脑科学"；网格级元知识是指与所属知识系统有强关联，例如"6 个说服刺激"是《销售脑科学》中的一个知识点，其网格元知识就可以命名为"#6 个说服刺激"。当然也可以把"6 个说服刺激"分解成 6 个知识网格，在它们之间建立链接。

第四，"相关的"，是指秉持学以致用的原则，确保元知识的使用效率，元知识要与个人成长计划相关联。例如，你把"# 开店"定义为子网级元知识，可是你的成长规划中根本就没有开店，也不会去学习相关知识，"# 开店"这条元知识自然也不会被使用，属于知识管理与个人成长规划脱节。

第五，"有时间限制的"，是指添加元知识时，要明确使用元知识的时间，尤其是首次使用时间。通常来讲，网络级、子网级、系统级元知识都是可以结合个人成长计划、提前设计好的，而网格级元知识大多是在记录知识的过程中确定的。

因此，首次创建元知识管理目录，主要是创建网络级、子网级、系统级元知识。如果你没有个人成长计划，也可以借用这个契机，深度思考自己的成长计划，分阶段设置目标，确保个人知识管理与阶段发展目标同步。

　　换句话说，你要做什么，就去学习什么；你有什么知识，就去做什么。关键是要设定行动时限，不能让知识管理止步于创建元知识。否则就相当于写文章只写了提纲，因为没有截稿时间，一年过去了，还是只有提纲。

第三节　获取知识的 4 种渠道

阅读 + 访谈 + 观察 + 田野调查

　　微软创始人比尔·盖茨在其著作《未来时速：数字神经系统与商务新思维》一书中提到："知识型员工是那些能善用信息的人，而不是按部就班地把资料输进电脑的人。知识型员工必须能方便地取得资料，对于提供这些资料的工具能驾轻就熟，企业的未来将更加有赖于如何使用这些知识型员工。"

　　学习的本质是学会学习，谁掌握了学习的本事，谁就拥有了核心竞争力。

　　如何快速融入新单位、胜任新岗位的工作职责，成为职场人的刚需。每更换一份工作，就要学习新知识，做好知识管理是提升学习力的基本功。获取知识是做知识管理的基础能力，我推荐 4 种获取知识的渠道，如图 3-5 所示。

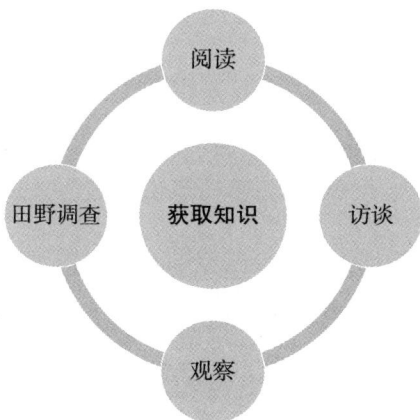

图 3-5　获取知识的 4 种渠道

第一，阅读的重点是致用。阅读是获取知识成本最低且最便捷的方式，但碎片化阅读带来的收益通常都比较小。如果你想改变自己的价值观，阅读 100 篇价值观点鲜明的网络文章，也不如看一本小说。因为网络文章提供的知识是碎片化的，经过作者二次加工处理的，能刺激你的情绪，但不会真正影响你的思想。优秀的小说创造了一个完整的世界，让你身处其中，引导你深度思考，以润物细无声的方式，影响着你的思想和价值观。同理，学一门技术，阅读 100 篇技术类干货文，也不如系统地阅读一本书。技术类的干货文是碎片化信息，可以帮助你解决某个问题，但不能让你建立起系统的认知。

所以，获取知识应该以读书为主，确保学习的系统性；以碎片化阅读为辅，碰到急需解决的问题，可以通过阅读达人的文章，迅速得到解决方案。无论是读书还是碎片阅读，都要以致用为原则，写阅读笔记。

我曾在《写作公式：新媒体写作从入门到精通》一书中提出过 QPA 阅读法，Q 即英文 Question，表示提出问题；P 即英文 Plan，表示解决方案；A 即英文 Action，表示持续行动或行动措施。用 QPA 阅读法写阅读笔记，可以形成如下笔记模板。

QPA 阅读法笔记模板

问题描述（Q）：＿＿＿＿＿＿＿＿＿＿＿＿＿＿＿＿＿＿＿＿＿＿＿＿

解决方案（P）：＿＿＿＿＿＿＿＿＿＿＿＿＿＿＿＿＿＿＿＿＿＿＿＿

行动措施（A）：＿＿＿＿＿＿＿＿＿＿＿＿＿＿＿＿＿＿＿＿＿＿＿＿

问题描述，即用一句话阐述问题是什么，可以作为笔记的标题；解决方案，即笔记的主体内容，是解决问题的答案；行动措施，即为落实解决方案而定下的具体措施，或者在行动中总结出的重要经验。用 QPA 阅读法写笔记，需要动手去写，用自己的语言去复述知识，它可以倒逼我们主动思考，而不是简单地收藏、摘抄知识，从而促进我们消化知识，提升知识转化率。

第二，访谈的重点是提问。著名政治家普列汉诺夫有一句名言："有教养的头脑的第一个标志就是善于提问。"如果这个世界上有一种东西，借了不用还，除了知识，我想不出第二种。比如，你和朋友讲："可以借我 1000块钱吗？"就算朋友很爽快地借给你，并且叮嘱你不用还，你也不能当真，朋友说不用你还是他的情分，你要还是你的本分，不遵守本分，大概率会失去这个朋友。但是，如果你和朋友讲："能把你的知识借给我用一下吗？抽时间给我讲讲如何快速读完一本书。"朋友为了给你讲清楚这个问题，可能会花一上午时间，你学会了如何快速阅读，但不用还，朋友可能还会因为把知识分享给你而开心一整天。

访谈是创造提问契机的有效途径，不仅可以高效获取他人的经验知识，还能拓展人际关系网络、升级朋友圈。我们可以给自己定义一个"记者"的身份，虽然你没有记者证，但是你可以去采访自己接触的任何一个人。你想向某位行业专家请教，如果你以访谈的方式去接触对方，相比直接提问，更容易获得被接待的机会。当然，你要给对方提供一些价值，或者准备一些能让对方接受访谈的点。比如，你平时喜欢在自媒体平台上写一些文章，想向某位专注于自媒体运营的老师请教，就可以向对方表示，你已经关注对方很久了，特别想写一篇关于对方的访谈稿，发布在你的自媒体账号上。

　　当然，以访谈的方式向他人请教，一定要提前准备好访谈提纲，可以围绕"访谈目的、访谈方式、访谈对象、提问清单、引导话术"5个方面拟定，且一定要精准而具体，方便对方做出具体回答，又不用花费太多时间。通常来讲，如果你的提问需要对方花3分钟以上的时间才能讲明白，就可能会遭遇"敷衍"，毕竟时间对于每个人来讲，都是最宝贵的。

　　第三，观察的重点是发现。我们常听人讲，人要具备洞察力，要透过现象看本质。可是要如何才能做到呢？就是要注意观察。细致入微的观察，是一个深度思考的过程，你会从一棵小草联想到生命的顽强，也可以在平淡无奇的生活中发现波澜壮阔的生命旅程。诗人杜甫通过观察春天的一场夜雨，写出了"随风潜入夜，润物细无声"的千古名句。观察不仅要带上眼睛，还要带上头脑，更要带上心思。同样是读书看电影，美国作家丹·布朗在看了希尔顿的《末日追杀》后，写出了《数字城堡》《达·芬奇密码》等著作。

　　我在读《传习录》时，读到王阳明先生"格竹"的故事，和友人说原来圣人也干傻事。友人告诉我，你错了，如果阳明先生不"格竹"，就不可能有后来的成就。时年，年轻的王阳明一心想当圣人，特别崇拜大儒朱熹。在读了朱熹的著作后，了解了格物致知，明白获得知识的途径在于认识并研究万事万物，于是王阳明就天天去盯着竹子看，结果把自己累倒了。

　　后来他在贵州龙场才想明白，格物的根本意义是在自己的身体和心灵上下功夫，于是成功创立了阳明心学。

　　试想一下，如果王阳明没有"格竹"，又如何发现格物的真理？所以，观察世间万物，只要带上头脑和心思，即便以失败而告终，也并非一无所获，最起码通过实践明白某条路是行不通的。失败给我们带来的教训，比成功给我们带来的经验更加珍贵。

观察还需要带着目的或问题。带着目的去做事情，专注力会提升，更容易获得灵感和启发。相传施耐庵在写《水浒传》时，写到武松打虎这一段，由于没有见过打虎的场面，不知道该如何描述打虎动作才显得生动得体，就去乡下的村子里转悠，突然看到一只狗被一名大汉追着打。狗被追急了，就向大汉发起攻击，采用的招式是扑、掀、剪。大汉也不惧怕，和狗较上了劲，先是跳、闪、躲，接着扔掉手里的大木棒，抢起拳头就砸。施耐庵看到这个场面，一下就找到了灵感，根据大汉打狗的动作，写出了"武松打虎"的精彩场面。

暂且不论这个传说是否真实，单从故事来看，我们也可以得到启发。如果施耐庵没有带着写作的目标，看到大汉打狗的场面，可能也不会产生写作灵感。因此，要想在观察事物的过程中发现点什么，必须把看到的和工作、生活中面临的问题联系起来，让所思所想在求索中日积月累，才能发现价值。

第四，田野调查，重点是纳新。田野调查是最早的人类学方法论，通过采用"直接观察法"获取第一手资料，其重点在于收集他人尚未发现过的材料，或者选择他人未曾做过研究的方向开展调查活动。物以稀为贵，知识亦是如此，人们总是对自己不知道的东西充满好奇。

我曾在一篇文章中写过："流量的背后，是产品、是内容，产品和内容的创造，离互联网越远，越能吸引流量。'牛人'之所以厉害，是因为他们的'产品原材料'都不是取自互联网，容易到手的东西都廉价。"如果你想拥有相对稀缺的知识，读书是一个很好的途径。如果你想获得更稀缺的知识，大概就要靠田野调查了。

　　某个行业的专家在做田野调查前，会阅读许多文献资料，避免把别人已经做过的研究当成自己的新课题，误把别人记录过的材料当成自己的新发现。当然，普通人做田野调查，不可能像专家学者那样专业周到地做准备工作。但也要做一些准备。比如，了解调查当地的风土民情和当地人的生活习惯，以免无意中冒犯了当地人，招惹麻烦。

　　普通人通过田野调查获取知识，重点在于拓展个人的认知边界。只要能在调查过程中获得之前未曾阅读过的资料，或者拿到以你的身份、背景及经历很难从文献中获取到的材料，就算实现了纳新的目标。获取这些材料后，一定要及时整理成调查报告，利用原始材料开启新的创作并及时分享，才算完成了"纳新"的使命。这也是用知识管理知识的一种实践。

第四节 知识分类的 10 种方式

解析知识分类，轻松化繁为简

　　知识分类是建立知识管理秩序，对知识进行标准化、规范化管理的基础。在人类历史上，不同年代、不同学派的人，对知识分类提出了不同的方案。目前，颇受认同的有 10 大知识分类方式，河南大学哲学与公共管理学院的陈洪澜教授 2007 年在《科学学研究》上发表论文《论知识分类的十大方式》，对如何分类知识做了深入浅出的阐述，给我带来了很大启发。以陈洪澜教授的论文为基础，结合知识网格化管理实践和个人对知识分类的理解，我将知识分类的方式进行整合梳理，如图 3-6 所示。

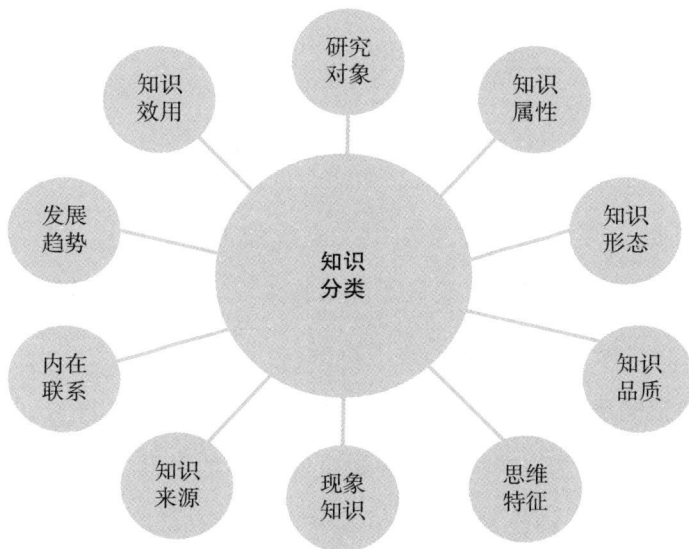

图 3-6 知识的分类方式

1. **按知识的效用分类**。知识产生的根本原因是人们需要使用知识解决具体问题。比如，需要测量土地而产生了几何学；需要盖房子而产生了力学；需要研究宇宙而产生了天文学……我国早在上古时期，就对知识进行了系统分类，《尚书·洪范》中的"九畴"就是将知识按用途分为天文、地理、农事、国政、人伦、日用等。商周时代，出现了六艺分类法，把知识分为礼、乐、射、书、御、数。春秋时期的孔子，为便于讲学，将知识分为德行、言语、政事、文学四科，并把六艺作为基本的教学内容。由此可见，按效用对知识分类，重点是强调知识的问题属性，即按不同领域的问题确定元知识标题，设置知识管理标签，实现对知识的标准化分类。

2. **按研究的对象分类**。主要有 3 种主张，分别由 3 位德国哲学家提出。一是文德尔班，他认为可以把知识分为自然科学和历史科学，自然科学被定义为"规律科学"，历史科学被定义为"事件科学"，前者制定法则，后者描述事实与特征；二是威廉·狄尔泰，他在《人文科学导论》中，明确主张区分"自然科学"与"社会科学"两个范畴；三是李凯尔特，他认为，历史科学应称为文化科学，理由是自然与文化才是两个真正存在相对关系的概念，因此按研究对象分类知识，应该分为"自然科学"与"文化科学"。这种知识分类方式，由于分类的颗粒度太大且过于抽象，对于知识网格化管理落地实操，没有太多的参考价值。

3. **按知识的属性分类**。主要分为两种主张，一种是以柏拉图为主，他认为知识是人类心灵的产物，强调知识源于心的属性，把知识分为理性、理智、信念、表象 4 种状态。理性和理智强调人类对事物本原的理性认识，信念和表象是一种衍生的知识，是可以根据不同背景发生变化的意见。

另一种是亚里士多德从实践活动出发，把知识分为理论之学、实用之学和创造之学 3 大类。理论之学主要包括数学、几何、代数、逻辑、物理学和形而上学等，是纯理性的知识；实用之学主要研究人类行动，比如伦理学、政治学、经济学等；创造之学主要包括艺术、创作、演讲等。此外，罗素用"经验"来分类知识，分为直接经验、间接经验、内省经验。

柏拉图给我的启发是可以把知识分成不变的知识和易变的知识，不变的知识是原理、公式、公理类知识；易变知识是基于具体场景创造的知识；亚里士多德给我的启发是可以把知识分为原理知识、技能知识和灵感知识；罗素给我的启发是可以把第一手原始材料作为直接经验知识，把经过他人解读或进行过再加工的材料作为间接经验知识，把通过自己思考总结出来的知识作为内省经验知识。同时，我也悟出一个道理，无论是以何种方式获取的知识，都需进行再创造，形成自己的经验知识。

4. **按知识的形态分类**。哲学家卡尔·波普尔把知识划分为主观知识和客观知识。主观知识没有经过理性分析，只存在于个人意识之中，通常是指以自我意识假设为前提，对事物的发展结果发表意见。也就是说，你希望事物如何发展，就会刻意找理由去证明这个观点的正确性。这在生活中很常见，比如你相信参加一个提供投稿渠道的写作训练营，就可以开启写作变现的副业。得出这个结论的主观知识是你认为自己的写作能力和行动力都没有问题，只是缺少一个和编辑加为好友的机会。

主观知识往往会给我们带来认知偏差，但从另一个角度来讲，又特别能激发我们立即付诸行动的内在潜能。所以，我们总是需要一些心灵鸡汤类的知识来鼓励自己获得心灵慰藉。

客观知识是指可以在进行具体分析后，用语言或其他方式做出陈述和描绘的知识。我们所讲的"知识"，通常是指客观知识，一般具有可消费、可生产、可存储等特点。可消费是指知识具有资本特质，比如你拥有的知识越多，越容易找到一份体面的工作；可生产是指知识可以被人们创造出来，比如你大学毕业时写的论文；可存储是指知识可以用纸张、电子文档等物质载体记录下来。

由此来看，主观知识是无法记录的，只是你自我意识中的一种感觉，而客观知识是可以记录并用文字或者语音做出具体描述的，具有可传播性。

简而言之，主观知识处于意识态，即知识只是你大脑中的一种意识时，无法直接产生价值；客观知识处于记录态，即知识以文字、图片、音视频等方式向外界呈现，能直接给我们带来价值，如解决问题、改善生活。

由此，需要特别介绍一下哲学家波兰尼对知识的分类方法。他把知识分为显性知识和隐性知识。他认为，显性知识也可以称为言传知识，是指可用书面文字、图表或数学公式表达出来的知识；隐性知识是只可意会不可言传的，也可以称为意会知识，即无法用语言文字描绘或阐述的知识。例如，翻看旧相册，你很快就能在小学毕业的合照中认出儿时的自己，但你却无法说出是如何认出自己的。

本书第四章将提供显性知识与隐性知识相互转化的解决方案，可用于提升知识应用效率。

5. 按知识的品质分类。这种分类方式，主要源自 20 世纪 90 年代，美国伊利诺伊大学的兰德·J. 斯皮罗（Rand J. Spiro）等人提出的认知弹性理论，该理论将知识划分为良构领域的知识和非良构领域的知识。

前者是指与某一特定主题相关的事实、概念、规则和原理，这类知识的组织结构层次清晰，边界明显。用知识网格化管理模式来解释，就是置于特定网格中的原始知识。后者是使用前者后产生的知识，即把良构领域的知识应用到具体的场景中产生的新知识，比如整合应用不同学科的原理性知识解决工作中的问题，然后写一篇总结报告。这篇报告中所提到的每一个案例，都有可能同时涉及多种概念，而这些概念不仅本身具有复杂性，还具有概念应用的复杂性，比如在同一个案例中出现时，概念之间又相互产生联系和影响。同时，报告中出现的不同概念，其地位作用亦受报告主题对案例需求的影响，有些案例要浓墨重彩地写，有些案例一笔带过，即非良构领域的知识在实例中体现出不规则性。

我由此得到启发，阅读非良构领域的知识时，就要注意处理成良构领域的知识，再将其保存到知识网格中，这是一种提升知识总结能力的有效方式。进行创作，重点是把良构领域的知识整合成非良构领域的知识，这是一种提升知识整合应用能力的具体实践。

6. 按思维特征分类。主要有两种主张，一是德国哲学家黑格尔从绝对精神的演化出发建立的哲学知识体系。黑格尔认为，知识的演化为分为逻辑阶段、自然阶段、精神阶段，分别对应逻辑学、自然哲学、精神哲学。二是英国哲学家培根把知识分为记忆能力、想象能力、判断能力3大类，分别对应历史学和语言学、文学和艺术、自然科学和哲学。

黑格尔和培根的知识分类方式，给我做知识管理带来的启发有3点。一是哲学思维是做好知识管理的底层能力，学习哲学的过程是一个启智的过程；二是从应用知识的角度看，必须注重提升逻辑思考力和批判思考力；三是知识网格化管理的效能发挥，取决于我们能否在逻辑上找到知识之间的关系，并结合知识进行理性思考得出结果。

7. 按自然现象和社会现象分类。按这种方式分类知识的主要有两位典型代表人物，一位是法国著名空想社会主义者圣西门，他把所见到的现象分成天文现象、物理现象、化学现象和生理现象，并建立对应的知识排序系统，对应的学科是数学、天文学、物理学、化学和生理学等。他还首次提出社会科学的概念，认为研究社会科学也应像研究自然科学那样，使社会科学成为发现社会发展规律的科学。另一位是实证方法的创始人、法国哲学家孔德，他区分天文现象、物理现象、化学现象、生物现象和社会现象，将知识的排列次序定为天文学、物理学、化学、生理学（或生物学）和社会学等。

8. 按知识的来源分类。 我国古代的墨家学派按知识来源把知识分为"闻知""亲知""不瘅"3种。"闻知"是指由他人传授而获取到的知识；"亲知"是指自己亲身实践后得出的经验和感受；"不瘅"是指运用已知的知识进行推论，发现或创作新的知识。

我们可以把"闻知"作为文献笔记，把"亲知"作为实践笔记，把"不瘅"作为创新笔记。如果把三类笔记融合成一篇记录，可以创建一个笔记模板。

笔记模板

闻知（记录原文）：＿＿＿＿＿＿＿＿＿＿＿＿＿＿

亲知（实践情况）：＿＿＿＿＿＿＿＿＿＿＿＿＿＿

不瘅（创新想法）：＿＿＿＿＿＿＿＿＿＿＿＿＿＿

9. 按知识的内在联系分类。 凯德洛夫发明的三角形分类法，是一种较具权威的知识分类法，他把自然科学、哲学和社会科学分居三角，心理学居三角形之中，构成一个相互联系的整体。目前来讲，经济合作与发展组织（OECD）所做的知识分类相对权威且更加科学。1996 年，OECD 发布《以知识为基础的经济》报告指出，知识主要分为 4 类，一是知事知识（know-what），即知道是什么的知识，例如唐太宗李世民于哪一年登基？二是知因知识（know-why），即知道为什么的知识，例如为什么光纤可以传递信号？三是知能知识（know-how），即知道怎样做的知识，例如预防慢性病的方法；四是知人知识（know-who），即知道谁可以把事情搞定的知识，例如，某领导知人善用，每次碰到问题，都能把专业的事情交给专业的人去做。

10. 按学科发展趋势分类。钱学森把现代科学技术分为九大体系：自然科学、社会科学、数学科学、系统科学、思维科学、人体科学、文艺理论、军事科学和行为科学，而哲学既是这些知识部类的认识基础，也是贯穿它们之间的桥梁和纽带。

知识分类的方式方法非常多，各有特色。为便于对知识网格化管理，建议在结合上述 10 大知识分类方式的基础上，将知识分为永久知识、软永久知识、随机知识和交换知识。

永久知识，是指启发原则性认知的原理、公理、概念、规律、规则类知识，这类知识使用频率高、使用范围广，但知识本身的内涵并不发生变化。

软永久知识，是指计划在特定场景下使用，但尚未使用的非永久知识。例如，为写论文、考试或做某个特定项目而储备的数据、案例、故事、观点、金句、名言、例题等。

随机知识，是指随机收集的信息、产生的灵感或想法，但没有想好用于何处。可建立随机知识管理目录，存储这些知识，随机知识需及时进行整理（一般要求不超过 5 天），最好是当天整理。通常根据知识所属类型，把知识放入对应的知识系统中，让它们作为永久知识或软永久知识保存在知识网格中。

交换知识，是指当前为完成一个项目（写一篇文章也可以看成一个项目），从个人知识网络中调取的知识。例如，写作时把永久知识、软永久知识或随机知识复制出来，粘贴到当前的写作文档中，即视为交换知识。记住，在调取知识时，一定要用复制的方式，不要轻易在原知识网格中修改知识内容，确保知识保真度、原始性和完整性。

注意，以上 4 类知识可以位于知识网络、知识子网、知识系统任意管理层级之下，建议不要在知识管理软件中建立以其命名的目录，避免目录层级过多导致知识网格的存储路径太深，可只建立"网络→子网→系统"的三级存储目录。知识网格化管理遵循一切皆项目的管理原则，任何项目中都必然存在永久知识、软永久知识、随机知识和交换知识，没有必要专门建立目录去区分它们，只要在建立知识网格时进行区分即可。

第五节　建立知识连接

有意识创作 vs 无意识创作双轨并行

建立知识连接的本质是融合知识内涵，这是学习者的必备技能。实现知识高效融合的前提是对知识进行合理的分类与连接。

由于长期写作的缘故，我发现知识同时具有连续和离散两种属性，亦可称为具有线性和非线性两种特征。

知识的连续性主要体现在两个方面，一是知识体的内在连续，必须能清楚地阐述一个概念、观点或方法；二是知识体从思想的提出到实践验证的连续，应当形成闭环，必须经过实践验证，具有实践意义。

知识的离散性，主要体现在知识可以根据其本质属性和特定需要进行分类，从而进行标准化管理，相当于在物理形式上离散存储。离散存储的知识，就像我们外出旅游时拍摄的图片和视频，每张图片和每个视频片段都有其独特的含义表达。我们可以利用视频编辑软件对图片和视频进行非线性编辑，将其整合成一部具有特殊纪念意义的纪录片。

在制作纪录片时，需要对拍摄的素材进行甄别和挑选。制作知识产品也是同样的道理。以明朝纂修著名的《永乐大典》为例。明成祖朱棣命解缙等人修一部巨著，定下的编修宗旨是"凡书契以来经史子集百家之书，至于天文、地志、阴阳、医卜、僧道、技艺之言，备辑为一书"。解缙受领皇命后，日夜苦思，依然找不到头绪。一天夜里，他看着满天的星星发呆，突然来灵感了，天上繁星点点，但月亮却只有一个。天上的繁星代表繁杂的知识，月亮代表知识的精华。于是，解缙找到了解决方案，挑选不同门类的知识精华，融合到同一本书中。

很多写作者总感觉知识不够用，一种是由于知识积累太少，真的不够用；另一种是囤积的知识太多，不知道如何用。具体表现为，读了很多书，做了很多读书笔记，收集了大量素材，甚至还写了很多读书感悟，但写作时依然无从下笔。

其实，写作是一个获取知识、选择知识、整合知识的过程。真正懂写作的人，不会在一个空白的文档上写。很多时候，我写一篇文章，甚至连写作的主题都没有，但只要有创作意识，依然能写出作品。这种无意识创作甚至能比有意识创作带来更多惊喜。

有意识创作，是你有明确的写作主题，然后围绕主题去寻找素材、选择素材、整合素材。大部分情况下，我们都是在这种情形下开始创作的，这是一种基于具体任务的创作，比如在工作中给领导写讲话稿，或者作为某个平台的签约作者，写作的主题和方向都是提前规划好的。

通常，我们更喜欢有意识的创作，这种方式有外驱力，创作行动来自具体的写作任务。或许，这和我们从小接受的作文教育有关，从小学到大学毕业，我们一直在写命题作文，如果没有命题，就找不到写作的方向了。

无意识创作，是你在浏览、复习笔记中的知识时，突发灵感而开启的创作，具有强烈的创作内驱力。你的创作动力来自对知识的体悟，知识激发了你的分享欲。很多知识管理软件都有"漫游笔记"的功能，比如我经常使用的 flomo 和 Obsidian。无聊时，我会打开知识管理软件，随意翻看其中的知识，几乎每次都能激发出创作能量。

有一次，我坐高铁去外地出差，周围的人都在刷短视频或打盹儿。我打开手机上的知识管理软件，用"漫游笔记"功能浏览笔记，到达目的地时，居然在不经意间写完一个章节。

这个经历改变了我对创作时间的认知，以前我一直认为必须安排专门的时间才能潜心创作。这次坐高铁的经历让我开启了写作新模式。创作是一种沉浸式体验，我相信用碎片化时间创作也可以写出文章，甚至写出一本书。

只要去行动，你可能在车上写书，也可能在马桶上写书，还可能在散步时写书……在新书发布会上分享这些创作经历，应该会很有意思。

无论是有意识创作，还是无意识创作，创建知识连接，可以辅助我们找到知识点之间的逻辑关系。浏览知识时，知识点之间的连接线或连接标记会引导我们去发现更多有关联的素材。

例如，在某个知识网格中记录下一个观点，这个观点与相近的其他观点、知识、案例、数据、故事建立了链接，你只需创建一个随机知识文档，把与之有连接关系的知识点调取（复制）过来，调整知识点之间的层级关系、逻辑关系和表达的先后顺序，即可实现对知识的融合，快速整理出一篇有价值的文章。

我在和书友共读德国申克·阿伦斯博士（Sönke Ahrens）的著作《卡片笔记写作法：如何实现从阅读到写作》时，看到一句话："每条笔记都是引用和反向引用系统网络中的一个元素，笔记的质量就取决于这个网络。"于是，大家开始着迷于使用哪款软件更方便建立知识点之间的连接，在物理上形成一个知识网络。如果软件没有提供直观的知识连接功能，就认为这款软件不适合。

如果掉入"软件功能依赖症"的陷阱，就算使用的软件功能很强大，对各种知识管理软件工具达到庖丁解牛般的熟练程度，可能依然做不好知识管理。因为建立知识连接的底层逻辑是我们自己的思考能力。能否想到知识之间最具关联性质的点，取决于对知识的思考。

因此，看到一个知识点时，你对知识点的理解及所联想到的东西，才是做知识连接的本来目的。只有这样才能让你在做知识连接的过程中，实现用知识管理知识。

比如，想建立个人知识网络，在建立之前，心里就要有张"网"。如何设计这张"网"，就如本书第二章提到的，个人知识网络要和个人成长规划紧密关联。这就是为什么要注重思考，而不是注重使用软件技术建立知识点之间的表象连接。

我从事过通信网络的建设及运维工作。建设一个通信网络，首先要做调研，确定用户数量及用户位置，统计用户的用网需求，然后根据用户需求设计网络的流量带宽、引接光缆、确定通信设备的安装位置，最后才施工组网。整个流程的目的是确保用最合适的成本，组建最合理的通信网络。

创建知识连接是组建知识网络的关键。没有连接，就不存在系统，更不存在网络。例如，你在家使用 Wi-Fi 网络，只有手机等有支持该功能的设备能正常连接 Wi-Fi 设备，Wi-Fi 设备能正常与电信运营商的网络连接，网络才有价值。否则，你会大呼："没有网络！"

电信网络的质量，以电信号或光信号正常收发为前提，确保信息可正常传递。知识网络的质量，以思维信号正常收发为前提，确保知识信息正常交互。

当我们要在知识网格、知识系统、知识子网之间添加连接线，形成可用的个人知识网络时，可以把规划知识连接的思路细化为以下 5 个步骤。

第一步，确定需求，即建立这个知识网络的目标是什么。

第二步，实现这个目标需要哪些知识点。

第三步，知识点之间的关联逻辑是什么，即如何把知识网格关联成一个知识系统。

第四步，知识系统的边界在哪里，即哪些知识网格可以作为系统之间的接口，形成一个知识子网。

第五步，子网的个数以及边界点位在哪里，即哪些知识网格可以实现跨子网互联，形成一个互联互通的知识网络。

知识网络不是一天建成的，其结构与组网形态会随着个人成长计划的变化而变化。我们一定要学会和时间做朋友，以"少即是多"的态度，通过长期积累，让知识网络像树一样自己长大。

在具体实践中，我们可以用项目思维来管理知识，即把知识子网看成一个大项目，把知识系统看成小项目。比如，我曾想开发一个写作课程，围绕这个目标，以"××写作课程开发"为主题创建知识子网，然后用思维导图整理出完成该项目所需的知识系统。以此方案去获取知识系统所需的知识点，如图3-7所示。

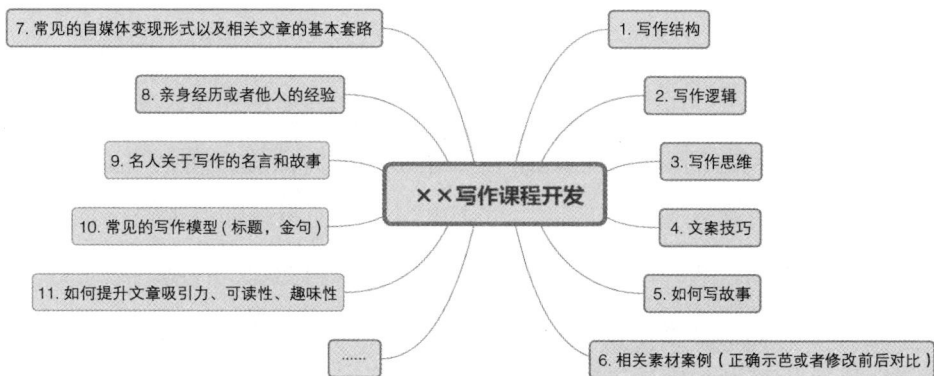

图3-7　"××写作课程开发"知识子网规划目录

如图 3-7 所示，每个知识系统均向知识子网的主题汇聚。用基于项目实现的方式规划知识子网，是一种为完成某个项目而进行的知识储备规划活动。完成项目规划时，思维逻辑层面也完成了知识系统之间的连接，剩下的工作就是利用知识管理软件去创建知识连接。

接下来，要根据项目需求获取知识，建立相应的知识网格，逐步完善每个知识系统。当然，获取知识是一个日积月累的过程，没有必要完全遵循获取知识、连接知识、使用知识的步骤去操作，可以采取边实践边搭建的方式，渐进式完善知识系统。

很多时候，我们准备写一本书，在完成这个项目的知识子网搭建的同时，书也写完了。这就如去荒无人烟的地方修建住所，不可能等到房子盖好、装修好后再入住。

我在做通信网络的建设及运维工作时，从来不会等到通信系统建设完成后再接入用户，通常都是建好两个节点，就接入这两节点所辐射到的用户，让这两个点的用户先用上电话和网络。这种做法与知识管理关联，得到的启发就是只要有两个知识网格建立连接，即可开始创作。比如上述开发写作课程的项目，只要"写作结构"系统中有一个"观点"网格或"方法论"网格与"写作结构相关的案例"网格建立了知识连接，就可以出一个小课，讲写作的结构，如果是写书，就可以写一章或者一节。

我认为，阅读应当自下而上，写作应当自上而下。阅读的自下而上是一个积累知识的过程，写作的自上而下是一个使用知识的过程。就如你有一个蓄水池，你要从蓄水池中取水，必定要先向蓄水池中灌水，这是输入知识。灌水时蓄水池中的水会上涨，得及时取出，不然水会溢出，造成浪费。也就是说，只有知识的输入与输出建立连接，消除输入与输出之间的堵塞点，才能确保知识系统的稳定运行。

　　在用知识管理软件建立知识网格链接时，通常有 3 种链接方式：单向链接、反向链接、双向链接，如图 3-8 所示。

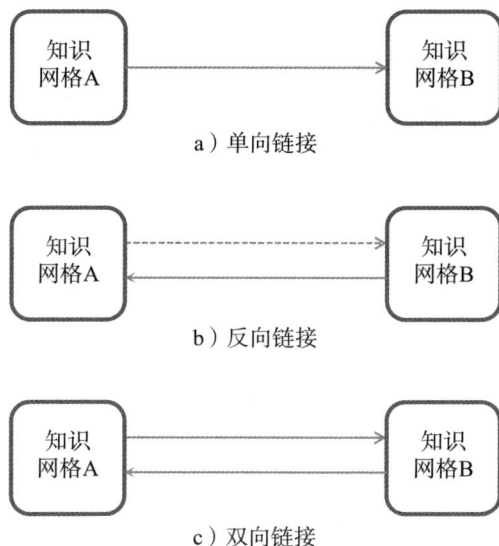

a）单向链接

b）反向链接

c）双向链接

图 3-8　知识网格的 3 种链接方式

　　假设你创建了 A 和 B 两个知识网格，单向链接是指仅在 A 网格中创建链接，实现 A 网格向 B 网格的跳转（见图 3-8a）。单向链接是一种向外链接，就如你手握电视遥控器，遥控器可以给电视机发送信号，但电视机只能接收信号，不能给遥控器发送信号。知识管理软件的单向链接功能，可以让我们与知识网络中的任意知识网格建立连接，实现知识跳转。比如，在阅读一个知识网格中的内容时，我突然想到另一个知识点，想浏览那个知识点的详细内容，就可以创建单向链接，即创建本网格的出链，实现知识的快速连接与跳转。

反向链接是一种向内链接（见图 3-8b），指 A 知识网格不一定创建了 B 知识网格的链接，但 B 知识网格却面向 A 创建了链接。从 A 的角度看，是 B 向 A 创建了反向链接，即 B 是 A 的入链知识网格。通常来讲，一个知识网格的反向链接越多，其知识权重越高，使用范围越广。

反向链接表示在使用 B 知识网格中的知识时，需要用到 A 的知识，但使用 A 知识网格的知识时，却不一定会使用 B 的知识。当你浏览 A 网格中的知识，但 A 网格中没有创建 B 的向外链接（单向链接）时，可以利用知识管理软件的反向链接功能，打开 B 知识网格。

双向链接是指 A 网格中创建了跳转至 B 网格的链接（见图 3-8c），B 网格中也创建了跳转至 A 网格的链接，两个网格既互为单向链接，又互为反向链接。

在知识管理软件没有反向链接功能的情况下，可以通过创建双向链接的方式实现知识网格之间的切换或跳转。

回归到连接知识的本质，如果添加到网格中的知识点没有经过自己的思考，那就只是占用存储空间的数据，知识点之间仅在软件中创建了链接，在我们的大脑中没有产生链接。

知识管理的底层逻辑是用知识管理知识，通过思考一个知识点的内涵，帮助我们在认知层面建立知识连接，而软件仅辅助我们快速把思考到的知识点呈现在眼前。

第四章

以连接为中心的知识系统

6 大策略构建知识管理闭环，最大化学习效益作家亚历山大·尼古拉耶维奇·阿法纳西耶夫有一句名言："在准备和采取决策方面所进行的劳动和工作是管理劳动的基本形式。"任何管理活动，都应该建立在有序的基础上。如何让个人知识管理活动有序可控，并非用一个软件就能实现。软件只是一个工具，在使用软件之前，你得准备好管理知识的策略，用你的策略去告诉软件，如何协助你管理知识。

这些策略包括获取、存储、分类、连接、调度、复用等一系列工作。所以，如果你想建立一个有效的个人知识网络，需要制定一套有效的知识管理策略。在制定策略上花点儿时间，是件一劳永逸的事情。

要想有效地进行知识管理，仅仅对知识做有序存储是远远不够的。对知识进行分门别类地整理，就如整理衣柜，即便里面的衣服叠放整齐，你依然会为穿哪件衣服出门而纠结，每次都把整理好的衣柜翻个底朝天。幸运的话，衣柜只是翻乱了，需要花时间再整理一次；但更有可能发生的是，你觉得自己的衣服太少了，在把衣柜翻乱后，心情也跟着乱了，然后告诉自己，必须买一套新衣服。

为什么眼前是装满衣服的柜子，我们依然会觉得衣服太少？因为在整理衣柜时，你只想到如何整理衣服能让衣柜里更整齐。事实上，应当想清楚，我们整理衣柜的目标是不再为穿哪件衣服出门而纠结。所以最好先想一想，不同情境下的穿搭方案。

知识管理也存在同样的问题，很多人觉得无论使用何种方式存储知识，只要把知识做有序存储，就能给未来的使用带来便利。事实上，如果在收集知识时没有预想具体的使用场景，你永远都会有书到用时方恨少的感觉。

互联网时代，最不缺的就是知识材料，有了明确的问题，在百度、微信、头条、小红书、B 站、CSDN 等网站和 App 都能找到你想要的资料。

所以，如果觉得自己的知识不够用，或许最要紧的不是收集素材，而是思考自己要这些知识干什么。最有效的知识管理一定不是有序存储，知识只有在使用中才能产生价值。我经常和人讲，如果没有想好如何使用知识，你收集的大多数知识，写的大多数读书笔记，都不会再看第二遍。

我在收集知识时，通常都有明确的使用目标，我会想清楚，何时把何种知识放在何种场景下使用。以写本书为例，在我有了写一本个人知识管理类图书的想法后，就开始收集素材。有些素材，是我确定了写作大纲后刻意收集的；有些素材，是我在阅读过程中得到启发后收集的。

刻意收集的素材，就像你决定种一棵树，首先会想到树苗的要求和这棵树长大后的样子。带着这些期待，你会去购买符合你期待的树苗。

你种下的这棵小树苗，能否长成你喜欢的模样，有赖于你的精心养护，你要适时修剪它的枝枝蔓蔓。留下哪些枝叶，剪掉哪些枝叶，是你时常需要去关注的。

管理知识也是如此。在阅读的过程中，总是会有很多吸引你的点，让你忍不住存下来，误以为只要保存即可"占为己有"。事实上，你保存的知识越多，只会让自己的知识库越混乱。

这个过程，就如同栽种一棵树。一棵参天大树在成长的过程中，必须舍弃让当下显得茂盛的枝蔓，以保证有限的养分用于向上生长，而不是早早地拓展枝蔓，只为小草遮阴；一棵独特的树，必须把浓缩的精华用于主干生长，而不是贪婪地留着残枝败叶，最终徒添一声哀叹。

个人知识管理和培植一棵树有异曲同工之妙。只有坚定目标，才能突破知识管理的桎梏。本章开头提到，知识管理需要在获取、存储、分类、连接、调度、复用等多个维度制定策略。在数字化时代，万物互联已成为趋势，"连接大于拥有"逐渐成为人们的一种共识。我们以连接为中心管理知识，可以生成一个激发思考、自然生长的知识系统，如图 4-1 所示。

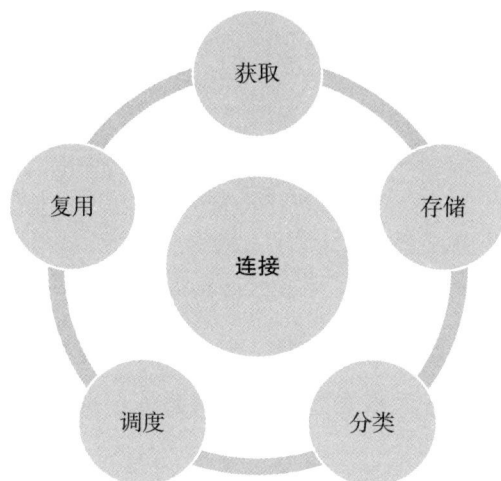

图 4-1　以连接为中心的知识系统

第一节　有选择地获取知识

知识获取四象限法则，确保所学即所用

如果你想拥有超能力，必须拥有学习力。超强的学习力可以让你快速成为一个领域的"超人"。互联网时代，获取知识的成本越来越低，对普通人来讲，只要不是不着边际地胡思乱想，工作、生活和学习中遇到的大多数问题都可以快速找到答案。

获取知识的成本变低，反而提升了学习的门槛。如果对信息没有足够的甄别能力，你会被碎片化知识包裹。世界就如一个信息铁桶，你是被封闭在铁桶里的"蛹"，就算你费尽全力破茧成蝶，但依然被封闭在铁桶里，无法看到外面的世界。

美国著名的大脑教练、脑力优化专家吉姆·奎克（Jim Kwik），小时候被认为是"脑子坏掉的孩子"，他为了让自己变得正常，致力于研究大脑。其著作《无限可能：快速唤醒你的学习脑》中提到，要拥有学习力就必须摆脱这个时代的"四大干扰"，即数字洪流、数字分心、数字痴呆和数字推论。

四大干扰正让我们被动地吸收无用信息，惹上手机瘾，患上互联网依赖症，导致大脑没有休息时间。在信息过载和"即时可得"的技术重压之下，大脑疲惫不堪，记忆功能正在丧失，思考动力明显不足。

人工智能和大数据算法不仅会根据我们在网上的浏览行为制定个性化的信息推送方案，专门推送符合我们喜好的内容，还会结合我们的社会背景、生活环境、家庭成员、身边同事和朋友、周围人群的上网行为，分析我们的喜好，让我们只要一打开手机，就可以看到自己感兴趣的内容。

这样的信息推送模式看似降低了我们查找信息的难度，其实无形中把我们关进了一个信息茧房，茧房内的信息无休止地占用我们的宝贵时间，吞噬我们的生命，而我们还乐在其中。

人们越来越依赖让科技做出推论和决定，逐渐丧失自己的思考能力。

没有思考的人生是不完整的。人若失去独立思考的能力，如何发现世界之美？如何在生活中灵光一闪便产生奇妙想法？如何在成长的过程中，慢慢地感悟复杂而深沉的内心世界，走出一条清晰、简易而厚重的人生路？我的答案是必须拥有独立思考的能力，拥有这种能力的前提是要有自主选择获取信息的能力。

获取你真正所需要的信息，而不是被算法操控，获取看上去很有用，实际上并不能产生价值的信息。有选择地获取信息，是一位终身学习者必须培养的能力，其目的不只是学习，而是提升自我思考、自主解决问题的能力。

对普通人来讲，我们可能没有能力去改变外部的信息环境，但我们可以每天安排 30 分钟时间，放下手机，远离网络，置身宁静的空间，认真思考这一天的活动是否有利于达成自己的关键目标，重新审视所接收到的信息是否真的与自己的成长定位相关。

在获取知识时，一定要预先检查知识的质量。当然，这并不是说那些被你过滤掉的知识不好，而是你要清楚，只有那些能用得上的知识才值得花时间去获取。我为了提升知识获取效率，根据美国管理学家史蒂芬·柯维著作《要事第一》中提出的"四象限法则"原理，制作了一个可以协助决策的知识获取四象限法则，如图 4-2 所示。

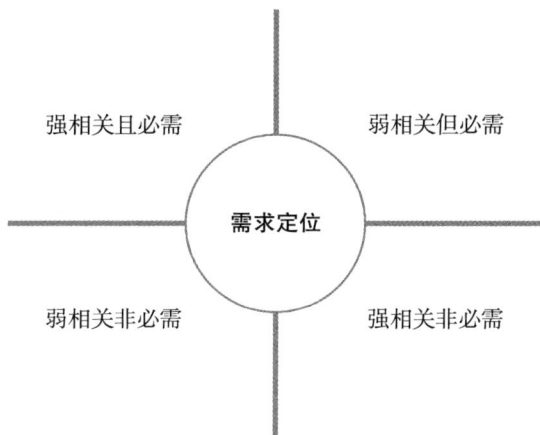

图 4-2 知识获取四象限法则

"强相关且必需"象限的知识点最重要，属于未来必定要使用的内容，应摆在获取知识的首位，无论花多少时间和精力，都要想办法获取并进行深入学习，确保将具体内容找到、找全、学透，达到"一口清"的标准。

"弱相关但必需"象限的知识点，属于未来使用可能性较高的内容，需要在计划中全部列出，尽量找全内容，但不用精读细研，能对照知识点内容阐述清楚即可。

"强相关非必需"象限的知识点，属于未来可能会使用的内容，在计划中举例列出即可，可以作为"强相关且必需"的补充，看到内容应做到举一反三，协助制定正确的解决方案。

"弱相关非必需"象限的知识点，属于未来不太可能使用的内容，在计划中举例列出即可，可以作为"弱相关但必需"的补充，看到内容应激发联想思考，展开头脑风暴。

比如要参加职称考试，便可以根据考试大纲的要求，把需要学习的知识点根据重要程度划分为：强相关且必需、弱相关但必需、强相关非必需、弱相关非必需。

这样做的好处是，在获取知识前就确保知识点与使用目标建立强连接，让自己从一开始就进入思考状态，无论所要获取的知识就摆在眼前，还是知识点内容有待查找学习。"知识获取四象限法则"可以让我们主动去思考为什么要获取这个知识点，这个知识点可以用在何处，如何使用。

比如，我准备写一篇文章甚至写一本书，在明确写作主题后，使用"知识获取四象限法则"，就能在计划制订的过程中梳理写作大纲。

在具体的写作中，"强相关且必需"的知识点发挥骨干作用，可以作为文章的"干货"内容，连接读者的"利益"需求；"弱相关但必需"的知识点起到激发情绪的作用，连接读者的"情感"需求；"强相关非必需"的知识点发挥解释作用，便于读者理解文章主旨，连接读者的"知识盲区"需求；"弱相关非必需"的知识点发挥过渡作用，出现灵感"短路"时，激发新思路，不至于写不下去，成文后能连接读者的"知识增量"需求。

在真实场景中使用"知识获取四象限法则"，可以拿一张 A4 纸画 4 个格子，分别表示 4 个象限，也可以使用电子表格来区分 4 个象限，然后分别在不同象限的格子中填入描绘知识点的关键提示信息，如图 4-3 所示。

标题：×××知识获取计划	
强相关且必需 　知识点1：××××××××× 　知识点2：××××××××× 　知识点3：×××××××××	**弱相关但必需** 　知识点1：××××××××× 　知识点2：××××××××× 　知识点3：×××××××××
弱相关非必需 　知识点1：××××××××× 　知识点2：××××××××× 　知识点3：×××××××××	**强相关非必需** 　知识点1：××××××××× 　知识点2：××××××××× 　知识点3：×××××××××

图 4-3　知识获取计划制作模板

第二节　按使用场景存储知识

3 个常识问题明晰知识是否有用

如果你在收藏一篇文章时，没有思考过能将它用在何处，不管这篇文章本身有多好，你大概率不会再和这篇文章产生交集。随着数字技术的飞速发展，存储介质的容量很大也很便宜，很多提供云存储服务的网盘都有 1TB ~ 2TB 的免费存储空间。

还记得 2000 年左右，我经常使用的存储设备是 3.5 英寸的软盘，标注容量是 1.44MB，实际存储容量只有 1.3MB 左右。那时候，为了节约存储空间，只有特别重要的信息，才会保存下来。因此，我对存储在软盘中的信息如数家珍。

现在，我拥有的存储空间太多了，移动硬盘、U 盘、手机存储、网盘，容量加起来有 20 多 TB，里面保存着海量信息，但大多数信息均就此封存，原本以为一定会用到的知识，却再也没有启封。

因此，知识并非存储越多越好，当我们选择保存一篇文章、一个音频、一段视频时，有意识地思考"我为什么要存下它"显得尤为重要，尽管你有足够的存储空间，但电子存储终究不能替代你的大脑。它可以替你存下内容，却永远无法替你在大脑中留下印象，你对电子存储设备的依赖程度越高，大脑就越懒惰。

脑科学家研究表明，大脑由原始脑和理性脑组成。原始脑作为神经系统中最古老的结构，经过数百万年的进化，体积只占大脑质量的约 20%，是一个典型的小精灵，体积小反应快；同时，它也是一个典型的情绪脑，主导一个人的生理器官和感知神经，它的反应速度和运行效率远高于理性脑。

我们看到自认为有价值的信息，会产生迫不及待去收藏它的情绪，这个决定并没有经过理性脑的判断。原始脑天生不喜欢思考却乐于做决定的特点，导致我们经常受情绪影响而保存一些与己无关的信息。所以，我们积累了海量知识，依然有"书到用时方恨少"的感慨。因为这些存在你私人存储空间的知识信息，只是情绪冲动的产物。

这就像很多"一见钟情"的男女，在荷尔蒙的刺激下海誓山盟，要一辈子相濡以沫，却在激情过后分道扬镳，相忘于江湖。因此，选择存储一篇知识材料时，必须思考"为什么要保存它"。此时，你的答案中要包含具体的场景，如果没有明确的知识使用场景，直接放弃就好了，至于"未来也许会用到"这种想法，大可不必在意。

在这个"知识爆炸"的时代，重新获取知识材料并非难事。真正值得重视的是采取"少即是多"的理念，看透知识管理的目的是使用知识。如果知识得不到使用，就没有意义，也不会产生任何价值。退一万步讲，就算未来真的会用到，也可以等真要用到时再说。要使用一项知识，需要对其进行打磨、消化后，才有足够的能力去驾驭。如果你开足马力进行头脑风暴都无法想到知识的使用场景，说明此刻，这个知识材料之于你，真的不重要。

当然，在平时的阅读中，的确有很多知识点第一眼看上去很有价值，如果不经过深思熟虑，就找不到对应的使用场景。我并非劝大家看到一份材料，有了保存的想法，不假思索地认为是"情绪在作怪，果断弃之方为上策"。

你可能会担心错过原本可以给你带来价值的知识材料。但我们要清楚，之所以错过，有时是因为认知不足，有时是因为方法不当。升级认知需要长期积累，解决问题的方法却可以拿来就用。如果在阅读中遇到想保存的知识点，又回答不了"为什么要保存它"，想不出合适的使用场景，你可以向自己发起"三问"。

第一问：如果早一点得到这份材料，我一定不会失去什么？这个问题可以连接你过去的经历，让你的大脑进入回忆状态。大脑在扫描过往经历时，会自动和眼前的信息进行比对。如果这一知识能解决之前碰到过的某个问题，你就能轻松回答"为什么要保存它"，明确对应的使用场景。

就如你曾得过某种疾病，现在才发现专治它的药方。尽管你早已痊愈，如果不是这个药方的出现，你可能永远都不会想起生病的经历。你会想，如果早点得到这个药方，我当初会不会不那么痛苦了，也不用花那么多钱去医治……这时，你就有了收藏该药方的理由，你也一定能想到，它给你带来价值的具体使用场景。

第二问：如果我选择保存这份材料，我可以立刻得到什么？回答"第一问"失败，也不要感到沮丧。第一问是面对过去，第二问则是着眼当下。如果你能想到一个立刻将这份材料转化成具体成果的点，自然就能回答"为什么要保存它"的理由和使用它的场景。

比如，这份材料给了我什么启发？哪怕我可以利用这份材料写一篇文章，发一条展示自我价值的朋友圈，也能证明它有具体的使用场景，有保存的价值。只要用自己的语言把它给你的启发表达出来，你就有所收获，就能为升级认知增添一点儿厚度。

第三问：如果把这份材料分享出去，我一定会推荐给谁看？分享是一种美德，也体现了一种利他精神。当然，并非所有的分享都可以获得他人的认同及赞扬。你认为好的东西，在别人眼里可能一文不值。你好心分享一篇美文，如果搞错了对象，对方不仅不会感谢，可能还会觉得被你打扰。

因此，发现值得分享的知识材料时，你必须非常了解自己的分享对象，而且能清楚地描绘出对方的痛点，知道这份材料为什么可以给对方带去价值。并以此为前提进行分享，就算对方在收到你分享的内容后，刚开始并不喜欢或没有感觉，你也有足够的理由去说服对方。

比如，我在读完赵涵写的《涵解：无畏真实》后，觉得这本书写得很好，特别想推荐给一位男性朋友阅读。但是，这本书以"涵"字为主线，分为涵悦、涵煦、涵润、涵畅、涵养五个篇章，充满温情地讲述新知女性宠爱自我、深情生活、心智成长、连接世界的成长心路。

我很清楚，如果没有充足的理由，向他推荐这本书，他一定会觉得我疯了。于是，我在推荐之前，找了个机会和他聊天。

其间，我发表了一个观点："我发现，所有的男人都希望找一个上得厅堂、下得厨房的妻子。"然后，从这个话题开始切入，引出我读《涵解：无畏真实》的感悟，当然少不了要介绍作者赵涵。最后，我得出结论："其实，这本书告诉女性朋友不要做女强人，要做强女人，如何做强女人。男人阅读后，可以学会如何发现妻子的优点，改善夫妻关系……"

在聊天过程中，我还提到这本书中关于如何处理职场人际关系、面对人生困境、处理校园霸凌事件等内容。他听完我的介绍，不仅愿意认真读这本书，还说一定要把它推荐给妻子、女儿、身边的朋友和同事。因为只要是正常的男人，都希望夫妻恩爱；只要是正常的父亲，都希望自己的孩子不欺负人，但也绝不能被别人欺负；只要是一个正常的人，都希望自己能在职场中脱颖而出，顺利化解各种矛盾。

当我想把《涵解：无畏真实》分享给朋友时，我会思考："该如何说服对方来阅读这本书？"我列出了他应该阅读这本书的理由，每条理由都是"为什么保存它"的正确答案。在这个过程中，我还梳理出书中知识点的具体使用场景和应用价值。

第三节 用系统思维分类知识

在分类知识中创作新知识

在私人存储设备中保存海量信息，会形成知识噪声，淹没那些真正对你有价值的知识。相信很多朋友都曾碰到一种场景，在计算机、手机、各类笔记软件中建立了不同文件目录，试图为收集到的资料做分类、规范管理，以便使用时能快速找到资料所在位置。然而，随着时间的推移，你会发现真需要用资料时，只能挨个点开文件夹查看，费时费力，最后还是得用"搜索"功能，尝试用不同关键词搜索才能找到想要的资料。

用系统思维分类知识，不只为了解决查找资料的问题。德内拉·梅多斯在《系统之美》一书中提出："任何一个系统都包括3种构成要件：要素、连接、功能或目标。"在做知识管理时，人们非常容易忽视获取知识的目标，也就是说，当我们分类存储知识点时，大多只凭感觉。很多时候，我们为了塞满存储设备而存储知识，对知识分类，无非是让保存在存储介质中的信息看上去比较整齐而已。

我们可以把"知识"看成系统中的"要素"，不同知识之间发生联系就是"连接"，知识之间发生联系后会产生新的观点、新的知识，便实现了知识系统的功能或目标。

图4-4所示的是物理状态下产生新知识的机理。从系统思维的角度出发，我们把A知识和B知识放到同一个存储目录中时，不应该强调A知识和B知识必须是同类知识，而要重点考虑A知识与B知识是否可以通过产生某种联系生产出C知识。如果我们坚持这样去做，可以实现在做分类知

识的动作时，即刻输出新的知识，而不只是把同类知识放到一起。

图 4-4   物理状态下产生新知识的机理

把不同知识归类到同一个目录中，并非简单地采用 A 知识和 B 知识相加的方式，产生 C 知识。在实际应用中，大多数情况下新知识的生成逻辑如图 4-5 所示，只要 A 知识和 B 知识中的部分内容产生联系后可以产生新的知识，我们就可以把它们保存在同一个目录下。

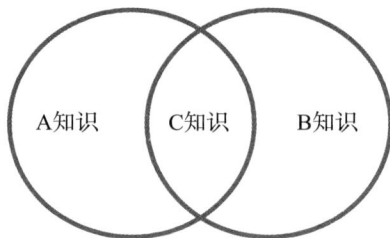

图 4-5   新知识的生成逻辑

因此，知识分类应该是一个连接知识的行动。如果你要构建成熟的个人知识系统，无限制地获取知识毫无意义，因为获取知识的目标是生产新知识。我们可以把知识点看作组成系统功能的要素，把知识点放在一起使其围绕实现特定目标去产生连接。

如何才能确保知识管理的行动有效呢？从系统思维的角度出发，处理好"存量"和"流量"的关系至关重要。"存量"是一个知识系统的基础，能确保你去从事一项活动时有基础的认知和基本的学习能力；"流量"是你输入和输出知识的量，既是"存量"的来源，也是"存量"的流向。

如图4-6所示，我们通过外部渠道获取的知识存放在"存量池"中，"存量池"中的知识发生联系，产出由自己创造的"新知识"，新知识再回馈到"存量池"中。通过系统循环，我们不断把知识转化成智慧。在充实知识存量的过程中，我们的认知得到升级，输入、输出的循环也让我们的知识快速迭代，我们也得以成为相应领域的专业人士。

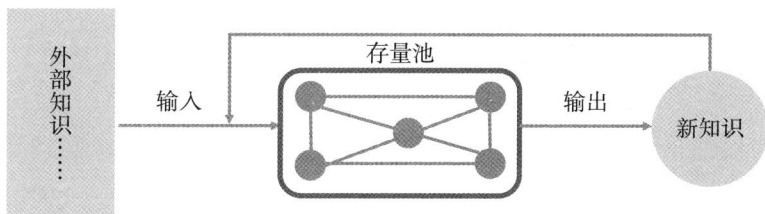

图4-6 知识系统运行流程

我的好朋友，"格格读书会"的创始人格格与我同时开启新书写作，在写书过程中，她讲了一句话："碰到不懂的，我就去看书。"由此可见，就算是写过畅销书的作者，在写一本新书时也不总能信手拈来，也需要通过获取外部知识充实自己的专业知识"存量"。只有当"存量"大于"流量"时，才有能力发现并挖掘"外部知识"的价值，总结出自己的心得，输出新知识，让自己成为领域专家，最终写成一本书。

由此可见，用系统思维进行知识分类，并不是简单地把同类知识放到一起，而是以产生新知识为目标，构建一个系统"存量池"，为知识系统运行提供能量，最终让知识为我们提供服务，帮助我们解决具体问题，实现成长目标。

第四节　为获得智慧而连接知识

把本能和直觉转化为解决方案

　　从理论上讲，世界上的任何事物都可以产生联系，在发生联系的那一刻，就建立了连接。所有的知识，无论其专业的关联性有多弱，都可以通过某种连接产生"化学反应"，生成解决问题的智慧。

　　事实上，任何一个人都不可能通过只学习一个专业就成为高手，因为任何专业都有局限性，只有用"连接思维"去解决问题，才更容易找到问题的答案。大多数时候，你用本行业的观点、思维、知识无法解决的问题，用另一个行业的知识去应对，问题可以轻松解决。

　　但问题是我们不知道如何去连接知识，就如每个人都懂得"朋友多了路好走，要经营好人际关系"，但真正和人相处时，有些人却总把人际关系弄得很糟糕，并因此患上社交恐惧症。

　　为了改变现状，我们阅读如何处理人际关系的书籍、听讲座、上培训班，甚至去咨询心理医生。我们从各种途径获得技巧，学习时感觉自己什么都会了，实践时又无从下手。

　　练习武术的人讲"习武不练功，到老一场空"。所谓"练功"，就是练习腿功、手功、腰功、肩功等基本功。练习基本功通常会很苦、很累、很无聊，但极为必要。

　　我觉得做知识管理和练武术是同样的道理，我们热衷于学习一些拿来就用的技巧，却忽略了建立底层逻辑的重要性。练习武术分为基本功和招数，基本功就是核心力量，招数就是技巧或所谓的绝招。

没有基本功，任何绝招都会苍白无力；没有绝招，力量的优势也会大打折扣。做知识管理的基本功，就是实现隐性知识和显性知识相互转化（见图 4-7），我称这种能力为智慧。

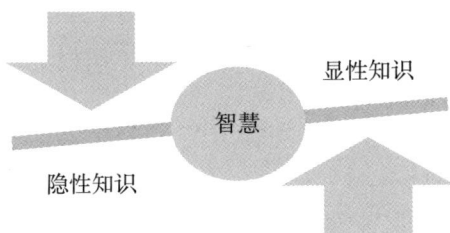

图 4-7　隐性知识与显性知识相互转化的能力

隐性知识往往是抽象的，很难用具体的文字描述成理性的方法论。我们的学习、生活、工作经历通过时间的积淀，才会让我们在处理某些事情时具备天然的判断能力，也就是所谓的直觉。隐性知识往往会给我们带来巨大的价值。

我看过这样一个故事，一位中年男人驾驶车辆上路，迎面冲过来一辆大卡车，这时他的右边是悬崖，左边的路上有一位小男孩。如果往右打方向，他会坠崖而亡；如果踩刹车，他就会和大卡车相撞，一样面临车毁人亡的危险；如果他往左打方向，可以保住自己的命，但小男孩会丧生在他的车轮之下。

他该做哪种选择？这个男人立即踩刹车，迅速挂上倒挡，然后猛踩油门，车子瞬间向后倒出几十米，给向自己冲过来的卡车留出了空间，也给卡车司机留出了反应时间，避免了惨剧发生。

事后，有人问那位男人，在危急关头，他是如何冷静做出正确反应的。

他回答说，当时自己吓傻了，就是凭直觉做出紧急倒车操作。专业人士模拟场景做了实验，结论是男人的倒车操作，并不是最佳方案。正确的躲避方式，应该是漂移调头。如果男人会漂移技术，他有足够的时间原地掉头，完美地避开对面冲过来的卡车，也不会撞到左边车道上行走的男孩。男人采取的倒车操作，其实存在很大的风险，卡车司机的反应慢一点，男人就难逃车毁人亡的命运。

于是，实验者们针对这种场景，专门做了一个紧急避险攻略。可是，这样的攻略真的有用吗？那倒未必，因为使用这套攻略的前提是你得会漂移，而且要练到炉火纯青的程度，才能确保安全。

从这个案例可以看出，男人的操作其实是隐性知识在发挥作用。无论是遇到险境之前，还是成功避险之后，他都无法用言语来描述自己的操作原理和操作步骤，如果再面临这样的情况，他也没有信心还能避险成功。因为他所做的一切，都凭直觉。

实验者们写的攻略，有原理、有方法、有技巧、有步骤，具有很强的可学习、可复制、可推广价值。任何人都可以按照攻略去练习，掌握这项避险技能。但是，很多人会忽略练习"漂移"的步骤，以为只要知道攻略中所讲的操作步骤即可。

事实上，要想熟练掌握这个避险攻略，一定要经历一个从隐性知识转化为显性知识，最后再转化为隐性知识的过程。形成处理问题的智慧，在真正碰到问题时才能做到从容不迫。如果只记住文字描述的技巧，在紧急关头，大概率没有能力使用这套攻略，就算成功避险，也只是幸运罢了，和那位中年男人没有本质区别。

说得更直白一点儿，这个转换过程就是一个从本能直觉到总结出可以用文字描述的理性经验或技法，再生成智慧直觉的过程。

如果你要把知识转化成解决问题的智慧，就必须结合本能直觉做出的反应去做复盘实验，在实践中思考，总结经验，再通过创新实践，形成具有智慧的直觉（见图 4-8）。

图 4-8　智慧的产生过程

日本剑道有一种练习方法，叫"守、破、离"，用来把知识转化为智慧，非常实用。

"守"，即刚刚去学习一门技能或专业时，按照老师的教导，听话照做，打牢基本功，实现熟练使用的目标。

"破"，即有了基本功之后，尝试改良老师传授的规范，让自己达到一种"无招胜有招"的境界。

"离"，即重新总结自己在实践中得出的经验，创造知识，另辟蹊径，建立自己的方法论，甚至自己的专利或品牌。

就如上文中提到的行车紧急避险案例，我们拿到实验者们写的攻略后，先练好"漂移"，再进入具体的场景中练习，打好基础，然后再尝试改良攻略，打破原有规范，用最适合自己习惯的方法操作，最后总结出心得，创新或创造一套新的攻略。之后，我们再面临此类场景，便有了从容应对的智慧。

第五节　瞄准主题调度知识

6 个关键词，构建高效学习系统

很多人从未放弃努力学习，可结果却是越学习越焦虑。究其原因，是在做出学习决定时没有明确的学习目标，为了学习而学习，为了努力而努力。就如老舍在《四世同堂》中所写的那样："每个演员都极卖力气地表演，而忘了整部戏剧的主题与效果。"

如果你很忙、很累、很焦虑，感觉日子就是问题叠着问题，总也解决不完，知识永远不够用，就要静下心来梳理一下，你是不是要得太多，有没有明确而清晰的知识应用主题，有没有围绕你的奋斗主题去使用知识。

何谓主题？百度百科上是这样解释的："主题，是指文艺作品中或社会活动等所要表现的中心思想，泛指主要内容。在描绘性艺术中，主题涉及个人或事物的再现，也涉及艺术家的经验，经验是艺术创作灵感的来源。"

我从这个解释中提取了 6 个关键词，分别是：文艺作品、社会活动、中心思想、主要内容、艺术家、经验，如图 4-9 所示。

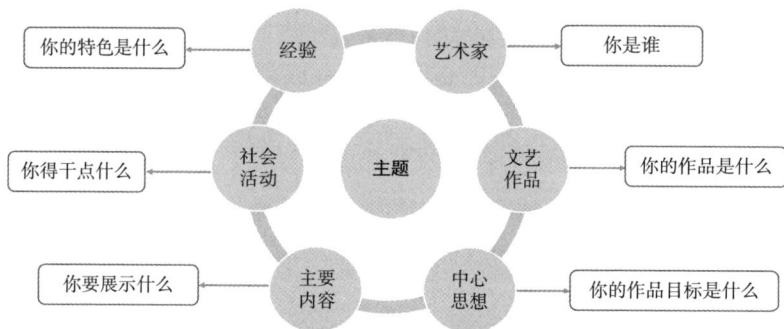

图 4-9　围绕主题调度知识

第一，"你是谁"是一个角色定位问题。随着自媒体行业的兴起，个人品牌成为热点词，其背后映射出，自己要给自己争取生存空间，定位自己以何种身份在空间中立足。没有人可以在所有场合都表现得很优秀，比如一个不懂文学的顶尖数学家不太可能在文艺界混得风生水起，因为文艺界不是他的"场"，他的"场"在数学。所以，当我们在思考自己是谁时，一定要给自己设定一个"场"，你只有在你的"场"中，才能发挥出最大的优势。

第二，"你的作品是什么"是一种结果思维。如果不能创造自己的作品，任何学习行动都是无效的，知识管理的意义也将不复存在。我经常看到一些朋友，抄了很多读书笔记，却连一篇千字文都写不出来。因为过分热衷于抄读书笔记，在这上面花了大量的时间和精力，留给思考的时间就变少了，"使用知识"也可能从未提上日程。因为没有认真思考过如何向"学习"要结果，也不知道知识应用在何处，更谈不上真的去实践了。

第三，"你的作品的目标是什么"是一种成果思维。拥有自己的作品，是一个结果，而明确作品的目标则是向结果要成果。结果有好坏，而成果则必须有看得见的价值回报。比如，你是一名程序员，开发了一款笔记软件，它就是你学习的结果，是你的作品；你通过发布笔记软件获取回报，是你创作作品的目标，即作品的成果。没有成果，"结果"再多也是枉然，毕竟"没有功劳也有苦劳"只是对"辛苦付出"的开脱而已。在残酷的现实面前，顶多获得些许苍白无力的安慰与谅解，并不能让你理直气壮地向结果索取回报。

第四，"你要展示什么"是一个价值定位问题。当你有了一个属于自己的"知识存量池"后，你可以采取创新知识、创造知识、搬运知识的方式，在"知识存量池"中捞金。但是，一切回报均源自你所提供的知识价值和用户的获得感。作为知识调度者，无论是创新、创造，还是搬运，你都要把知识产品化，挖掘出产品特点，清晰地告诉用户，你的知识产品能为他们提供什么价值。

我的好朋友"雪舞梅香"是"一块写写"社群的创始人，当她想做一期某自媒体平台内容创作的训练营时，她会从创作、运营、变现等多个维度向用户展示参加这期训练营能获得什么，把核心价值点呈现给用户。她想清楚要呈现哪些核心价值点后，就专门针对这些"点"去"知识存量池"调度知识，由此轻松解决训练营的内容产品供给问题。

第五，"你得干点什么"是一种持续行动的品质。 完成一个主题创作，并非靠 3 分钟热情可以实现，通常可以分解为以下 4 步。第一步，结合个人品牌定位、要实现的结果、计划获得的回报、作品的价值定位等，分别列出需求清单。第二步，对照需求清单梳理自己的现状，例如你的"知识存量池"中与之相关的知识能否完全支撑创作？如果不能，还需要增加哪些知识？去哪里找？列出现状清单。第三步，对照现状清单制定行动方案，写出具体行动措施，明确时间、行动内容、衡量标准等。第四步，开启行动并检查行动，根据实际情况变更需求、现状、行动方案，把想法变成结果，把结果升级为成果。

第六，"你的特色是什么"是一种核心竞争力。 不可否认，在自媒体时代，就算你不会写作，拍不了短视频，也做不了直播，只要会挑选内容，也能实现知识变现。在传统纸媒时代，文摘类杂志从别的刊物上挑选符合自己要求的稿件，订阅量甚至比只发表原创类稿件的刊物还高。

自媒体时代给个体带来了这样的机会，你只要申请一个自媒体账号，做好定位，挑选符合定位的内容，合法合规进行转载，就能获得流量，实现知识变现。

别小看这件事，这其实也反映了一个人调度知识的能力。你的特色是把和某个领域相关的优秀内容整合在一起，给用户节省时间，同时也给原创账号做宣传推广，关键是你转载的内容必须和你的账号定位相符，才能获得用户的喜欢。

我在本书中讲的"瞄准主题调度知识"，并非简单地确定一个创作主题，然后把相关的知识从"知识存量池"中搬运出来。"调度"的主题包括角色定位、结果思维、成果思维、价值定位、持续行动、核心竞争力等多个维度。

大多时候，我们会热衷于学习却忽略知识的实践与应用。当我们在工作中碰到问题或在事业上遇到瓶颈时，总是寄希望于通过读几本书或报个培训班就把问题解决掉。

不可否认，学习是解决问题的有效手段，但如果学而不习，你所学到的知识没有和你的问题发生连接，你就会一直停留在"学"的阶段。

在我看来，"学习"是一个系统，由输入子系统、输出子系统、调度子系统组成。"学"即输入，"习"即输出，"用"即调度。图 4-10 描述了"学习"系统的运行模式。

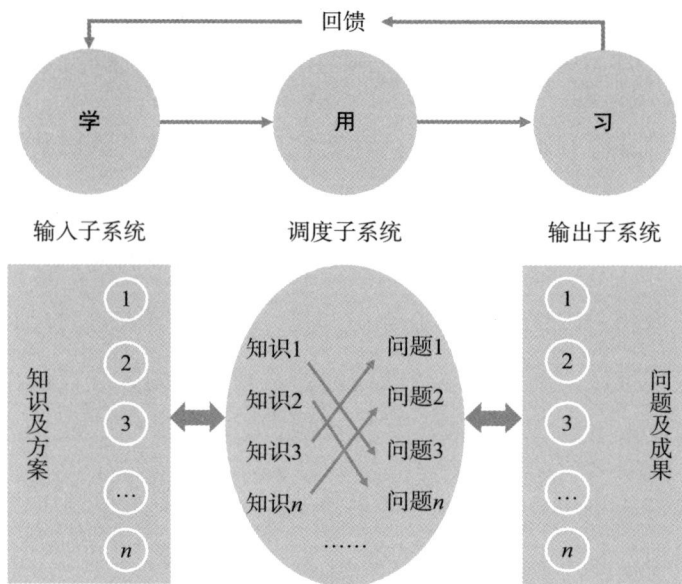

图 4-10　"学习"系统的运行模式

　　调度是运用知识和创新知识的关键。通过对知识的排列组合，不仅能解决问题，还能创造新知识。收集很多知识，并不能提升连接知识的能力，只有当你拥有了运用知识的智慧，才能高效运用知识解决问题。所谓运用知识的智慧，就是有能力解决实际而具体的问题。

　　在数字化时代，人们基本上对"未来是充满不确定性的"达成了共识。学习的意义就是总结过去、预测未来，增强对不确定性的掌控感。

　　在生活中，我们会碰到各种各样的问题，有些问题你可以轻松解决，有些问题你绞尽脑汁也想不出解决方案。这时候，我们的第一反应可能是自己知识储备太少。其实不然，在数字化时代，因信息差而产生认知差的概率越来越低，所谓的知识储备只是存储在大脑中的数据信息，无论是公共云存储，还是私人存储，都可以帮助我们把知识保存下来。

在这样的背景下，决定认知差的是你对知识的理解，你是如何理解某一特定知识点的，你就会用这个知识点去解决问题。就如一个留传了几百年的瓷碗，农村的老妈妈可能用它装水喂鸡，历史学家用它作为某篇论文的佐证材料，博物馆馆长则会小心翼翼地将它放到展柜里。

"知识"就像"瓷碗"，其本身并没有特殊之处。"知识"存储在哪里不重要，让知识产生不同意义和不同价值的是运用知识的人。数字化时代的特点是"知识共享"，别人可以一键搜索到的知识，你也一样可以。所以，知识能给你带来多大价值，关键在于你调度知识的能力。

可以这么说，调度知识的能力越强，解决问题的能力就越强，对未来的掌控力就越强。

如何才能提升知识的调度能力？每个人都不可能无所不能，每个人面临的问题也不同。我们可以结合自己的情况，把知识主题化，建立自己的专属主题库。

如果说人生是一个大主题，那么人生所面临的种种问题就是一个又一个子主题。比如，你要规划自己的人生，设置成长路径，1 年计划、5 年计划、10 年计划，都可以做成主题。

当你把一切都主题化后，你就可以结合主题去获取知识、调度知识、输出结果。所有的输出回馈到"输入"子系统，随着"输入"子系统的专有化升级，你的"调度"子系统也会升级。如此循环往复，你的"学习"系统就会成为为你事业助力的工具。

比如，我在 2018 年定了"成为写作教练"的目标，从那时候开始着手搭建"学习"系统，我所有的知识输入、思考、调度、输出都围绕"阅读""写作""知识管理"这 3 个主题去做。

如何提升阅读能力？

如何提升写作能力？

如何做好个人知识管理？

就是这么简单，手里拿着锤子，可能看什么都像钉子。这或许会局限我们的思维，但的确是一个提升学习效率、快速实现目标的好办法。

比如，你想成为一名阅读教练，在看到一个脑科学理论时便会不由自主地去联系你的主题，思考"脑科学理论"能给自己的"阅读方法论"带来什么价值。这样的思考会提升你调度知识的能力，从而让不同学科、不同领域的知识产生连接，让你在运用知识的过程中创造新知识。

第六节　紧盯效益复用知识

知识复利 vs 知识复用，双轮驱动知识变现

一切连接，都只有在需求存在时才会促成。就如你走进一间房子，只有需要照明时，才会按电源开关，连通电路，开启电灯；不需要照明，就会断开电路，关闭电灯。

知识就像是房间里的电灯，你开或不开，它都在那里。亦有不同，比如你想使房间的电灯发挥出最大的效益，似乎只有尽量节约用电，或者在开灯时尽量多做些事。知识却相反，想要知识发挥出最大效益，你大概率会尽可能地使用知识，而不是存着不用。

对普通人来讲，世界上很多能量都像电能一样，要想把拥有的能量效益最大化，最好的办法是想方设法节约。唯独知识不同，让知识发挥效益的办法是尽情地使用它，这和金钱有点类似。

在理财领域，有个高频词叫"复利"。相较于金钱，知识不仅可以产生复利，还可以通过复用给我们带来更多效益。

因此，我们在使用知识时，不仅要有复利思维，更要有复用思维。比如，你学习了某个领域的知识，通过调度知识，对知识重新进行排列组合，就可以实现知识创新，甚至创造出更多的知识。长此以往，你创新或创造的知识会成为你的"知识存量"，而继续与其他知识发生关系会让你的知识存量和输出量均得到指数级增长。这就是你通过复用知识，又产生了知识复利。

知识复用比知识复利更有价值，比如学习了一个领域的知识后，你不

仅可以通过调度知识开发课程，还可以写一本书，做一次直播，相当于利用"知识存量"制作了多个知识产品，实现了知识复用。

拥有复用思维的好处，是你完全可以区分时间和空间使知识产生效益。比如，你做了一次课程开发，但这个课程今天可以出售、明天还可以出售，这就是知识的"时分复用"，即区分时间让知识产生效益；当然，你可以在线上出售，还可以在线下出售，这就是知识的"空分复用"，即区分空间让知识产生效益。

我的好朋友"鼹鼠的土豆"，书友们都亲切地称她为土豆姐，她经常在社群里督促大家一定要在读书的同时写读书笔记、做短视频、写书评等。她还呼吁大家多注册几个自媒体平台的账号，一次创作多平台分发，这就是典型的知识"空分复用"。这样的做法可以使知识在复用的过程中产生知识复利，使知识的复用和复利形成良性循环，构建一个有效的"知识复用—复利"循环系统。

可以这么说，知识复利越高和知识复用的次数越多，你的知识系统运转得就越高效。因为决定知识系统运转效率的是知识与知识之间的连接次数与连接频率，连接次数越多，表示你输出的知识产品越多，而这些产品又都会返回你的知识存量池。

知识存量的增加必定会驱动你的认知提升，而认知才是你有效解决问题的能量。连接频率越快，表示你迭代知识产品的周期越短，在帮助你增加知识存量、提升认知的同时，也助推你提升知识产品的输出能力。

如此一来，你的个人知识系统就开启了高效运转模式。

第五章

以思考为旋涡的知识网络

从认知觉醒到智慧升维

———————

　　我们的学习能力取决于认知结构。没有谁能够从自己看不懂的世界里发现有意义的价值点，比如那些你读不懂的书以及个人无法理解的行为和现象。有句话讲："贫穷限制了我的想象。"其实，限制想象的不是贫穷，而是认知。许多事物我们看到、听到却想象不到，都和认知不足相关。

　　德国拓扑心理学家 K.勒温曾提出，学习是认知结构的变化。做知识管理的核心是管理认知结构，让认知结构在学习的过程中发生变化，以更好地适应外部环境及你自身的内在需求。在学习过程中，我们可以采取分化知识、总结知识、重构知识的方式，提升认知甚至迭代更新认知结构。

　　分化是一个生物学词汇，是指细胞在发育过程中，会建立区别于其他细胞的特殊功能，这个建立特异性的过程，就是分化。细胞为了生存而分裂出多个细胞，不同细胞之间形成形态和功能上的差异，具有不同功能的细胞在统一协调的前提下有组织地完成个体或群体的生命组织活动。知识的分化原理亦是如此，当我们带着某种目的去阅读一个知识点时，你的阅读目的会激发知识点的分化潜能，产生新的知识或者新的知识应用方案。

　　总结是一个与分化相对的概念，分化的主要目的是产生新知识，而总结的主要目的是梳理并汇总分化出来的知识。通过抽取不同知识的共同特征，总结一种识别事物的模式或方法论。例如，通过总结过去的经验，形成一套处理某个或某类问题的流程。

　　重构是一种以"发现"为目标的学习活动，在聚合知识的过程中发现新知识。任何创新、创造活动，都需要基于过去的经验，而一个人的认知结构，也取决于他对过去知识的思考。

　　学习的本质是发现，从已有的知识中发现新的规律，获得新的认知。认知学习理论的代表人物杰罗姆·布鲁纳认为，每个人的学习都以其过去的认知结构为基础。各种知识之间的联系纵横交错，形成一个动态结构。

因此，真正有效的学习并非把各种概念、事实信息记忆下来，而是感知、归类过去的知识，形成一种观念结构，为联想、推理和思维活动提供基础支撑。

搭建个人知识网络不是一蹴而就的，而是一个不断迭代、更新、升级认知结构的过程。

经常听人讲，个人知识网络是在日积月累中自然生长出来的。这个观点没有错，但日积月累的，不仅是你收集的知识信息，更要包括你的思考。只有把思考贯穿于知识积累的全过程，知识网络才能真正为你所用。

知识网格化管理模式从整理知识点、完善元知识体系、扩容知识系统、拓展知识子网、升级知识网络等 5 个层面，提供一套以思考为旋涡的个人知识网络经营方案，如图 5-1 所示。

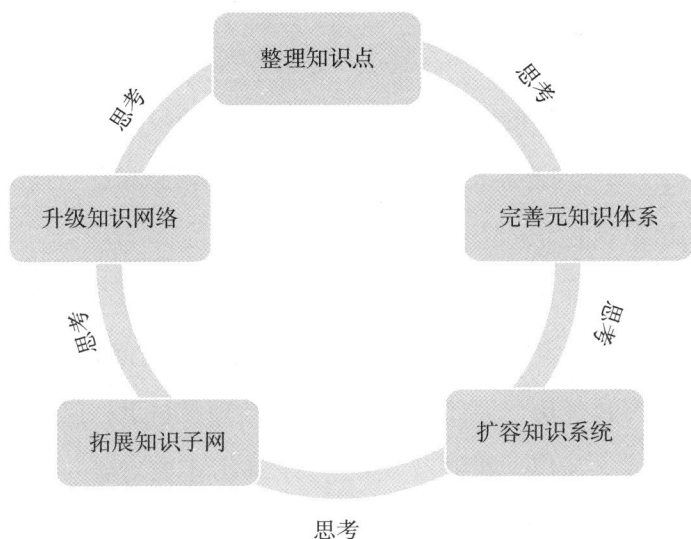

图 5-1　以思考为旋涡的个人知识网络经营方案

第一节　整理知识点：发现创新知识的奥秘

3 个应用方案，巧用常识思维与反常识思维

在数字化社会，获取知识并非难事，只要你有一个知识管理目标，利用数字化技术提供的便利，很快就可以搭建一个内容丰富的个人知识网络。

问题是如果只收集而不整理，你的个人知识网络就只是一个信息收集站。就如你买了很多衣服，但在出门时，依然不知道穿哪套。如果你时常整理自己的衣柜，在整理的过程中，你就会思考什么时机、什么场合穿哪套衣服。

整理知识点的过程就是一个思考的过程。一旦启动思考模式，你在整理知识点时，大脑会主动结合知识点的内涵回忆过去与之相关的经历、当下与之相关的问题、未来与之相关的实践。

有过写作经历的人大概都有过这种感觉："写之前文思如泉涌，动笔时半字也难筹。""写之前的文思如泉涌"源自收集了很多信息，感觉自己不缺写作素材，"动笔时半字也难筹"是因为收集的信息未经整理，真动起笔来才发现自己没有能力驾驭这些素材。

收集素材不是什么难事，写作更不是什么难事，都不会耗费太多的时间和精力。真正的困难在于整理素材，这是一个既耗时间又耗精力的活。

回顾我的写作经历，大部分时间都花在整理素材上，但这样一来写的时候就轻松多了。所以，我得出一条经验，千万不要对着一个空白的文档写作，就如不要到沙漠里去伐木一样。

后来，我发现这个表达不全面，就又加了一句"也千万不要对着一堆

杂乱无端的材料写作，就如不要到深山老林里去伐木"。深山老林里的树木虽多，但你也要面临选择太多的问题，不知道该砍哪棵树，砍掉后又该如何把它运出山？所以，积累很多写作素材也不一定能写出文章来。

很多人在讲积累素材对写作的重要性时，喜欢拿名人的经历举例，比如，鲁迅先生在写《中国小说史略》时摘抄了5000多张卡片；历史学家吴晗写《明史简述》时，积累了20多万张卡片。吴晗还有一句名言："一个人要想在学业上有所建树，就一定要做卡片笔记，积累多了，功到自然成。"一些人看到这句话，天真地以为，只要积累足够多的素材，就能写出作品。事实上，这句话还有下半句："通过对大量资料的归纳分类，分析研究和综合利用，就能创造出自己的作品来。"

在我看来，这"下半句"才是吴晗想表达的重点，意思就是要精心整理"大量资料"，才能做到在真正开始写作时，以调用、整合卡片的方式，写出有价值的文章。

这里推荐3种整理知识点的方法：归纳法、演绎法和溯因法（见图5-2）。

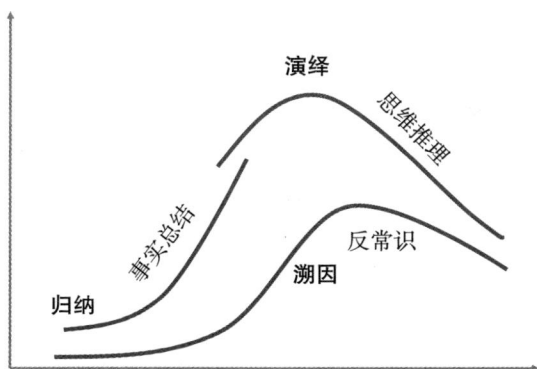

图5-2　整理知识点的3种方法：归纳法、演绎法和溯因法

1. 归纳法。这是一种从特殊到一般的推理，注重从一系列事件中找到共同特点或规律，总结出一套方法经验。

归纳是一种基于事实，是自下而上作总结的推理方式，可以称之为对事实的总结。

爱因斯坦有句名言："整个科学不过是日常思维的一种提炼。"现象学鼻祖埃德蒙德·胡塞尔提出了"生活世界"理念，专注于对日常事项的研究，从中发现规律。胡塞尔认为，只有原始的主观情境才对科学和学问具有根本意义，所有的研究都应该通过研究事物的表象最终回归本质。

这些都在说要注重从事物的表象总结经验，还原本质，而不是从外部观察中获取直接经验，这其实是一种归纳。

我们做知识管理时，会收集大量的案例、数据、故事、名人名言等素材。这些素材到底如何归类，能为哪些原理知识或写作主题提供支撑，在什么情况下使用，是一件令人头痛的事情。但归纳法可以帮助我们识别这类知识的属性，从而明确其使用场景，确定其与其他知识网格的连接关系，提升知识被使用的概率，助力形成某个知识领域的元实力。

2. 演绎法。这是一种与归纳法相对立的逻辑推理。演绎法注重从一般到特殊进行推理，三段论是演绎推理的经典模型，即先设置一个大前提，再设置一个小前提，最后得出结论。

著名的"苏格拉底之死"是三段论的一个典型案例。

大前提：所有人都会死。

小前提：苏格拉底是人。

结论：苏格拉底也会死。

演绎推理的论证步骤具有很强的逻辑性，如果前提为真，则结论必然为真。而归纳推理则不一样，即使你收集到的事实都为真，得出来的结论也不一定为真。比如，"所有的天鹅都是白的"，事实上世界上真的有"黑天鹅"，只是在做出这个结论时，人们没有见到过黑天鹅。

当然，演绎法也有缺点，不管三段论有多么正确，其演绎逻辑决定了推理结论无法超越前提，也就不可能有新的发现。演绎法要么基于假设提出结论，即以假设的方式设置大前提，这样的推理就像碰运气，如果假设对了，就得出一个正确的结论，如果假设错了，那么结论也就错了。人们经常以归纳法得出的结论作为大前提，从这个层面看，演绎法的本质是一种基于归纳的演绎。

为了确保演绎结论的正确性，我们通常以知识的"第一性原理"作为逻辑起点。"第一性原理"是由古希腊哲学家亚里士多德首次提出的，亦称"第一原理"，他认为："每个系统中存在一个最基本的命题，它不能被违背或删除。"

因此，我特别建议大家使用演绎法去整理具有起源特色的知识点或原理类知识点，比如阅读《易经》《论语》《道德经》等经典时，应用演绎法，能帮助我们发现更多蕴藏在大前提内的知识。在理解消化知识的过程中，逐步构建属于自己的专业知识体系，助力我们形成某个知识领域的硬实力。

3. 溯因法。归纳法可以帮助我们基于事实总结规律形成经验知识；演绎法可以帮助我们在研究某个领域知识时发现这个领域中的更多奥秘。因为归纳法仅凭现象就得出规律，演绎法仅凭假设接受命题，在深度思考方面的表现尚有不足，所以都无法创造真正意义上的全新知识。

溯因法以"惊讶事实"为逻辑起点，对任何事实都持有怀疑精神，不仅推导出结论，更注重推理过程。就如亚里士多德所称的"哲学起于惊讶"，而柏拉图的说法更具象化，他在《泰阿泰德篇》中讲："惊讶，这尤其是哲学家的一种情绪。除此之外，哲学没有别的开端。"从这句话中，我们可以悟出一个道理：在做知识管理时，阅读知识点激发的情绪是我们开启思考的逻辑起点。

多数情况下，对知识产生情绪源于个人的求知欲。如果你对一个知识点特别感兴趣，想一探究竟，从而产生惊讶，感叹于知识带来的启发。这会不断引导你做回溯思考，追溯问题发生的根本原因，得出自己的结论。我们也可称溯因法为回溯法、外展法或者逆推法。

亚里士多德提出溯因法用来区别于归纳法和演绎法，但他并没有对溯因法做出更详细的解释，直到 20 世纪初，美国哲学家皮尔斯、汉森等人发表学说，溯因法才逐渐在科学领域中得到应用。皮尔斯和汉森用如下方式表达溯因法：

某一意外的现象 P 被观察到。

若假说 H 为真，则 P 的观察成立。

所以，假说 H 的猜想也成立。

当我们用溯因法来整理知识点时，观察到的是知识点所描述的内涵或现象，这时可以基于该知识点提出不同的假设猜想，并有意识地植入反常识思维，实现在溯因推理的过程中发现新知识。

图 5-3 给出了溯因推理过程示意。

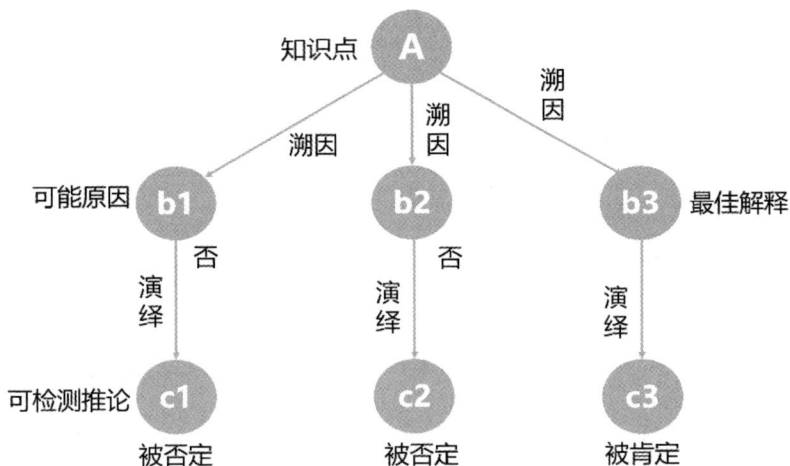

图 5-3　溯因推理过程示意

当你怀着求知的态度阅读知识点，会产生一个"惊讶事实"，然后设置假设条件，检测你的假设条件是否成立，最终找到最优解，即正确的答案。用溯因法整理知识，我细化为以下 5 个步骤。

第一步，以求知的心态阅读知识点。

第二步，产生一个"惊讶事实"，也可以说是一个想法。

第三步，基于这个想法设置假设。

第四步，检测假设条件是否成立。

第五步，找到解释这个想法背后的真实原因。

由此可见，溯因推理需要我们树立批判思维，对所有假设条件均持怀疑态度，才能发现知识所表述的真实内涵，帮助我们创造新知识。笛卡尔曾在《谈谈方法》一书中提出寻求真理知识的 4 条确证性原则，被人视为"知识构建"的方法论。

第一，"凡是我没有明确地认识到的东西，我决不把它当成真的接受。

也就是说，要小心避免轻率的判断和先入之见，除了清楚分明地呈现在我心里、使我根本无法怀疑的东西以外，不要多放一点别的东西到我的判断里。"由此，我得到启发：无论你看到什么，听到什么，首要原则是不要有成见，不要带着自己的主观判断或有色眼镜去审视，你可以持怀疑态度但不要急于否认。在整理知识点时，要辩证地看待其内涵，从中发现对自己有益的东西，而不是随意批评。

第二，"把我所审查的每一个难题按照可能和必要的程度分成若干部分，以便一一妥为解决。"我得到的启发是：要善于分解问题，碰到难题时不要被吓倒，难题被分解成若干个小问题后就容易解决。有些知识是超出我们认知的，可能一时无法理解，可以尝试拆解知识点所表达的内涵，逐个理解后再聚合，这样更容易消化。

第三，"按次序进行我的思考，从最简单、最容易认识的对象开始，一点一点逐步上升，直到认识最复杂的对象；就连那些本来没有先后关系的东西，也给它们设定一个次序。"我得到启发：任何思考或行动，都可以采取由易到难、由简单到复杂的策略去寻找解决方案。比如，要给知识点设置应用场景，可以先设置一个最常用的应用方向。在想不出应用场景时，就会把解释这个知识点并分享出去作为一次应用实践。

第四，"在任何情况之下，都要尽量全面地考察，尽量普遍地复查，做到确信毫无遗漏。"我得到启发：对一种现象或一种观点，一定要从多个维度去做检查论证，确保不要有遗漏。养成这个习惯，可以降低犯错的概率，这是做学问应该有的态度，更是做人做事应该有的态度。在整理知识点时，一定要理性思考，多换几个角度去审视、检查知识的正确性，找到支撑知识内涵最有力的原因、证据到底是什么。

用溯因法整理知识，需要我们树立反常识的思维理念，如果循规蹈矩地思考，会陷入"唯书"的刻板状态，或者陷入"不信书"的偏激状态。总体来讲，这是一种创新、创造新知识的方法，能助力你在某个知识领域形成具有鲜明特色的软实力。

第二节　完善元知识体系：升级人生精进框架

WRITE 思考学习法，开启双赢学习模式

从知识管理的角度看，完善元知识体系就是在升级人生精进的框架。这是一个逐渐深入思考人生、升级个人成长计划、更好地适应当下和更好地掌控未来的过程。

美国著名历史学家丹尼尔·布尔斯廷有一句名言："知识的最大敌人并不是无知，而是自认为掌握了知识的幻觉。"我曾经就是一名"知识幻觉"的重度患者，喜欢收集很多文献资料，摘抄各种金句，以为只要囤积的好书、好文、好句子足够多，写作时就不用发愁了。

事实上，真正开始写作，我每次都会对着一个空白的文档发呆。

为了解决这个问题，我开始研究实用的知识管理方案。当我在研究中突然灵感闪现，画出"知识网格化管理模型"后，着实眼前一亮，惊喜万分，迫不及待地写出了落地方案。

在实践过程中，我发现了一个能为我所用的元知识体系，其价值甚至超过了我收集的素材。当我浏览元知识时，它们会激发我主动思考的动力。这种思考时而发散、时而聚焦，一个又一个金点子、创意从我的大脑里冒出来，浮现在眼前，我恨不得一股脑儿将它们输出成文字，有效地解决了没有执行力的问题。比如，当我不想写作时，浏览元知识体系会让我有一种满血复活的感觉，忍不住想去表达。

在没有互联网的时代，谁掌握了信息，谁就可以利用信息差获得高额回报，拥有丰厚的收入和较高的社会地位。

我时常想，如果写《史记》的司马迁、写《桃花源记》的陶渊明、写《水调歌头·明月几时有》的苏轼等人穿越到现在，会不会也像我们一样，成天抱着一部智能手机呢？他们在面对应有尽有、扑面而来的信息时，是欣喜还是苦恼呢？我估计，他们会欣喜于获取知识原来可以如此简单，也会苦恼于知识唾手可得却"很难吃到嘴里"，他们一定会把如何使用知识作为最重要的思考。

在《罪与罚》中，陀思妥耶夫斯基写过一句话："他们居然大言不惭地说：'我们有事实！'但是事实并不是一切；起码，事情的一半在于你是否善于对待这些事实。"知识描绘的仅仅是一种客观存在的事实，柏拉图将知识定义为合理的真实信念。

在我看来，真实的信念也是一种事实。只有厘清知识之间的关系，才能真正发挥出知识的价值。元知识是管理知识的知识，一个完善的元知识管理体系是对知识的思考及如何连接知识的思考。

真正的知识管理高手，不是去获取更多的知识，而是做知识连接，通过连接使知识之间相互赋能。这需要我们深刻理解知识的相互关系，如因果关系、逻辑关系。

大多数时候，我们说一个人很无知，并非讲其缺少知识。恰恰相反，他们的大脑里可能充斥着各种毫无关联的理论知识、经验知识和无数个所谓的应用模型。

尽管这些知识本身并没有什么错误之处，但它们都只是一个个孤立的记忆，就如大海中一座座与外界失去联系的孤岛，就算"岛"上风景再美，也无法发挥出价值。

完善元知识体系就是要尽量消除"知识孤岛"。这需要我们去构建一个连接知识的框架结构。就像开一家公司，需要构建合理的组织框架并赋予组织职能，才能让公司正常运转。否则，大家都不知道该干什么，也不知道如何与同事协作，即使招募再多员工，也很难提升公司的业绩水平。元知识体系是决定我们如何使用知识、用好知识的关键，既要以个人成长计划为参照，又要以实现个人成长目标为使命。

本书第一章介绍元知识的概念时提出元知识包含 4 个要素：元知识标签、知识来源、知识摘要、应用提示。从形式上看，元知识标签提供与其他知识连接的接口，代表元知识与其他知识发生关系，我们通常将其视为管理元知识的知识，而其他 3 个要素则为元知识标签提供连接路径。

以写作为例，知识来源方便我们合法引用知识；知识摘要可以辅助元知识标签管理知识，解决元知识标签对知识点概括总结不精准的问题；应用提示则辅助我们应用元知识标签做有价值、有落地场景的知识连接。

由此可见，完善元知识体系并非简单地增加元知识标签，而是要促进我们结合当下及未来成长的实际情况，对元知识进行增、删、改、查等操作。

"增" 即结合个人成长所需，规划需要新增的知识，比如你换了一份新工作，之前的知识网络中并无相关知识积累，现在需要把它们加进来，生成一个新的知识增长点。

"删" 即对不能给个人成长提供价值的知识，要及时从知识网络中移除。这是个人知识管理的一个难点，很多人不愿意删除好不容易收集来的知识，会有一种"只要留着，将来或许有用"的想法。这样的想法会让个人知识网络产生很多无价值的"噪点"。如果你确实是个"收藏控"，我建议你把这类知识导出后保存到别处。

"改" 即结合当前成长需要，修改已有知识点的元知识标签和应用提示，让知识与当下的场景发生连接，确保知识的再利用和再创新。

"查"即通过检查增、删、改的操作，提升知识点的检索及连接效率，比如通过增加一个知识点的元知识标签和应用提示，在检索知识时增加知识在眼前出现的频率，从而产生更多如何使用该知识点的想法，提升我们调度知识的动力。

这就像如果某个人经常出现在你面前，你有什么事情就更愿意找他帮忙一样。当然，这并不是说要尽量多地给知识点添加标签，如果添加标签和应用提示时并没有经过深入思考，反而会给检索知识带来不必要的干扰，导致检索时出现许多非你想要的知识，扰乱你的视听和思路。

因此，在完善元知识体系时，一定要警惕"认知失调"的问题。

"认知失调"理论由美国社会心理学家利昂·费斯廷格于1957年提出。他认为，我们在生活中发现的新认知与旧认知发生冲突，会让我们产生紧张情绪。就像人们经常讲的"颠覆三观"。这时，人们通常会有两种表现，一是否认新认知；二是积极获取更多与新认知相关的信息，试图用新认知彻底替代旧认知，以此获得心理上的平衡。事实上，我们还可以有第三种选择，那就是既不否认新认知，也不摒弃旧认知。

任何一种知识所表达出来的观点、经验、模型或理论，都只有在特定时机、特定场合下才能生效，都有其特定的前置条件。

彻底否认一个观点或摒弃一种经验，都反映出一种极端怀疑主义态度。很多人存在一种错误的认知，把极端怀疑主义等同于批判性思维，认为只有"怀疑"一切，才能创新，才能实现成长进步。

事实上，怀疑的前提是相信，所有的创新都是在相信的基础上进行理性思考，提出合理的怀疑，即我相信既定的事实，但我会思考他们提出的建议、方法应该在何时何种场景下使用，有没有漏洞，有没有可改进的地方。

如果陷入极端怀疑主义的误区，就会让问题无限蔓延。没有边界的问题延伸就像掉入了"思维黑洞"，永远看不到尽头。比如，你在做个人成长计划时确定了"在某自媒体平台涨粉10万"的年度目标，如果陷入极端怀疑主义误区，就会产生很多基于怀疑的想法，最终以放弃收场。

这个目标不切实际，根本无法实现；

就算实现这个目标，也得不到想要的回报；

这个平台不适合自己发展；

自己起步太晚，已经错过了风口；

达人分享的涨粉攻略，也许并不好使；

……

总之，你有无数个理由怀疑这个目标无法实现，越怀疑就越焦虑，越没有勇气迈出第一步。无论一个人的内心有多强大，也经不起一条又一条"自我怀疑"的抨击。

当你把时间都花在以否定为前提的"自我怀疑"时，就没有足够的时间付诸行动，最可怕的是因此失去了实践的动力。正确的做法是，相信自己可以实现目标，在此基础上提出实现目标需要具备的条件及所需要学习的知识，然后围绕实现目标搭建元知识框架，明确获取知识的范畴和使用知识的边界。

完善元知识体系，不仅是对个人成长做深度思考，也是在做深度思考的刻意练习，在思考的过程中完成个人知识体系与成长计划的匹配，同步提升个人对当下的掌控力和对未来的谋划力。很多时候，计划之所以被搁置，表面上看是行动力不够，实则是自身执行计划的能力不足。

就如你计划周末去跑 5 千米，如果计划没有得到顺利执行，大概率不是天气变化（比如下雨）、临时有紧急事务需要处理、突然生病……而是你想偷懒。为什么想偷懒呢？因为你觉得跑 5 千米有难度。你不经常跑步，就算下定决心，穿上运动装，进入跑道，中途放弃的概率依然很大。你跑一会儿觉得太累，就会给自己找理由："好久没跑了，猛一下就跑 5 千米，对身体伤害太大，还是要循序渐进……"

我认为，完善元知识体系不仅要在平时持续添加元知识，更要专门安排时间对元知识体系进行复盘、整理。因为我们在添加元知识时，大多数是做增量，也就是说在读书、学习的过程中，把获取到的知识整理成知识网格时，添加元知识。

在这种情况下，新知识会刺激我们的情绪，因多巴胺分泌增加而产生兴奋感，导致过度放大知识的价值。就如初见新鲜事物总会产生莫名的兴奋，待过一段时间重新审视它，又会发现它也不过如此。

随着互联网知识付费的兴起，有过购买付费课程、专栏、训练营经历的人一定都有一种感受，在购买课程时，尽管群管理员一次又一次强调开课时间，还是有很多学员成天在群里问"什么时候开课"，生怕自己会错过上课时间。但是，等真的开课了，学习的劲头反而没那么强烈了。刚开始学习时，总是迫不及待地在群里问"作业是什么？"真布置作业了，却没有了写作业的动力。

做知识管理也是同样的道理，在收集到一个感觉有价值的知识信息时，我们欣喜万分，想出很多种应用场景，但在这种状态下给知识点写下的元知识标签和应用提示，通常会止步于"标签"和"应用提示"。

完善元知识体系是一种基于学习的理性思考训练。只有深度思考才能触动灵魂。

我特别喜欢一句话："痛，则通；不痛，则不通！"深度思考是一件令人痛苦的事，一旦经历了思考的痛，就可以在行动中体验到酣畅淋漓的通畅感。而我们进行思考时，只有写下来，才能把思考过程显化。把想到的一切都清晰地呈现在眼前，能让我们清楚地感受到思考的价值和意义，行动力亦会油然而生。

我自创了 WRITE 思考学习法（见图 5-4），这套方法将"写"这个动作贯穿于思考的全过程。

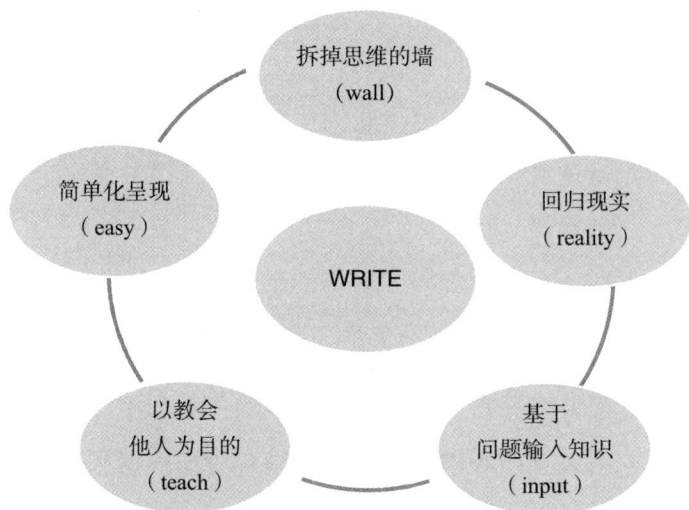

图 5-4　WRITE 思考学习法

W 即 wall，拆掉思维的墙。我们感到迷茫时，就像被关进了一间没有窗户的屋子里。因为四面都是墙，无论如何也找不到出口。这时候，必须主动去拆除限制思维的墙。

日本著名企业家稻盛和夫提出人生成功方程式：人生·工作结果 = 思维方式 × 热情 × 能力。[①] 在他看来，一个人的思维方式比智商、能力、体魄更加重要。

很多人说，打开思维方式要树立批判性思维。我不这样认为，当你大脑一片空白时，是无法进行批判思考的，因为你可能根本不知道要批判什么。

最好的办法是放下执念，让自己安静下来，天马行空地做头脑风暴。想到什么就写下来，不要去管对错，也不要去管所思所想与当前的问题是否有关联，只要放开去想就行。

R 即 reality，回归现实。 "人是一根会思考的芦苇。" 这句话是法国思想家帕斯卡的哲思精华，他在著作中写道："人不过是一根芦苇，是自然界最脆弱的东西，但他是一根能思考的芦苇。不需要整个宇宙武装起来才能毁灭他，一口气、一滴水就足以剥夺他的生命。即使宇宙要毁灭他，他也比置他于死地的宇宙要高贵得多，因为他知道自己将要死亡，他知道宇宙相对于他的优势，而宇宙对此一无所知。"

芦苇是脆弱而渺小的，如果它能通过思考看清现实，知道何时从哪里来又要到哪里去，便活得比浩瀚的宇宙更加伟大。经过几番头脑风暴，你的想法会跃然纸上，这时候再去做减法，结合当前的现实需求和想要达成的目标，去挑选相关的想法，总结成元知识标签，你就会明白自己的诉求到底是什么，又该如何满足。

---

① 稻盛和夫.心：稻盛和夫的一生嘱托［M］.曹寓刚，曹岫云，译，北京：人民邮电出版社，2020.

I 即 input，以解决问题为目的输入知识。 高效的知识管理一定是着眼解决当下问题去获取知识，即学即用的效果往往更佳。

我自 2017 年开始新媒体写作后，以写解读稿、书评类稿件为突破口找到了自己的赛道，也因此而结识了很多想通过读书写作变现的书友。当我把自己的经验分享给他们时，有些书友很快就有所收益，但有些书友却迟迟没有突破。

对于后者，究其原因，是他们重学习而轻使用，学、用"两张皮"的现象尤其突出，并没有用我分享的方法去解决问题。他们在学习时侃侃而谈，似乎什么都会了，但真的去写时，还是没有摒弃自己那些随意写作的习惯。

我在职场打拼了近 20 年，总结出一条高效学习的经验："如果想要学有所成，思有所得，一定要即学即练即用。"**"学"给思考提供能量，"练"给思考构建一个实践平台，"用"给思考出来的答案找一个归宿。**

基于问题去输入知识，你经常可以体验到"恍然大悟"的感觉，这种体验不仅能给思考提供强大动力，更能提高学习效率。

T 即 teach，以教会他人为目的。 费曼学习法的核心是"教授"，当我们采取"以教促学"的方式去学习时，会主动开启深度思考模式。

每当我要学习一项新技能，我就会假设自己是一名教练，明天就要把这项技能教给我的学员。预设这种场景后，我在学习时明显会主动去加深对每一个知识点的理解。

如果你也想快速学会一项技能，不妨建一个小社群，邀请同样学习这项技能的人加入，然后充当这个学习小组的教练，每天做一次分享。如果你这样去做，会爱上主动思考，不仅思考如何理解知识，更会去想"如果有人问我与知识点相关联的问题，该怎样回答？"当你以教会他人为目的去学习时，你的思考动力和思考能力必然会倍增。

E 即 easy，思考结果要做简单化呈现。如果你想把自己所学转化为一种获取时代红利的能力，就必须时刻牢记把复杂留给自己，把简单交给他人。

检验一套方法论、一个解决方案是否实用、好用的标准，不仅要看这一方法能不能解决问题，还要看它是否简单、易学、好掌握。构建和完善元知识体系是一项对知识进行高度浓缩并进行简单化处理的工作，与数字化时代强调"开放""分享""体验"等关键理念高度契合。

经常有书友和我讲，"读了很多书依然不会写作；学了很多技能，依然找不到一份好工作"，这是因为，他们没有把知识以简单的方式呈现并分享出来。我认识的各行各业的高手，在自己的领域有深厚的积累，却只能像被固定在机器上的螺丝钉一样默默无闻，工作多年，职务得不到晋升，也没有什么话语权。因为他们没有养成如何把复杂的东西做简单化表达的习惯，不知道如何把关键信息汇报给老板，更不知道如何把知识总结成方法、流程，帮助他人成长。

如果用 WRITE 思考学习法来评价，这类人的学习与思考通常止步于输入（input）环节，他学了、练了，但在输出层面仅限于被动地利用知识完成由外部赋予的任务，没有想过要教会他人，也没有思考过如何用最简短的时间把自己的心得汇报给老板，分享给同事。

构建和完善元知识体系，可以帮助我们养成简单化呈现的习惯，这种习惯又会驱动我们去思考，形成一个良性循环。回归本质看元知识体系，会发现这是一个不断迭代升级的认知框架。

第三节　扩容知识系统：成为行业专家

个人成长与学习进步曲线

我的第一份工作，是在一家低压配电代理公司做推销员。在一次公司聚会中，我的老板半认真半开玩笑地对我讲："你很了不起，在一线推销员中，你是最会写文案的。如果哪天你有机会去文案组，那你就是最会做一线推销的文案高手。你只要好好干，以后发展的面很广，不要浪费了自己的天赋。"

当时听到这个评价，我还很洋洋自得，甚至一度想调到文案组去大显身手。带我的组长是个好人，为人正直，得知我有这样的想法，毫不客气地对我讲："你是喜欢做推销还是喜欢写文案？"我毫不犹豫地回答："我都喜欢。"组长呵呵一笑，用略带命令式的口吻说："那就先做好推销吧，毕竟你现在还端着这碗饭。"

很多年过去了，每当我面临更多选择时，这句话都会对我产生影响。一个人的精力其实是很有限的，我们总是喜欢这山望着那山高，把得不到的视为美好，却无心欣赏身边的风景，也没有耐心珍惜握在手里的幸福。

其实，所有的幸福都来自一份托底的保障。小时候，父亲长年在外务工，每逢农忙便会回到老家种田。我觉得很奇怪，既然打工挣的钱比种田要多，为什么还要种田呢？如今我人到中年才理解：父亲是一位农民，种田是他的托底保障。

每个人都需要有一个托底保障。或是一份工作，或是一种技能。混沌学园的创始人李善友教授提出，无论是企业还是个人，在事业发展上都有两条曲线，分别是第一曲线和第二曲线。我的理解是：个人长期固定从事的工作，称之为主业，即第一曲线；发展第二职业称之为副业，即第二曲线。也许，副业带来的收益会超过主业，但只要"副业"还没有成为"主业"，为我们托底的一定是主业。副业无法托底，原因是即使副业在短期内产生的收益超过了主业，但没有形成"稳态"，充满了不确定性。

扩容知识系统是为了提升自己在垂直领域的专业能力，以强化主业的核心竞争力为重点，先让自己成为一个领域的专家，用底线思维构建好赖以生存的基础。也就是你必须拥有一项核心技能作为保底，就算哪天你一无所有，还可以靠这个本事养家糊口。

从本质上讲，扩容知识系统是一种专家思维，需要我们培养愿钻研的意识、敢钻研的勇气、能钻研的本事。比如，普通人看到一朵漂亮的花，可能连名字都懒得知道，只是感叹一声"这朵花可真漂亮"；好奇的人会去查证花的名字；善于学习的人会去查证，这种花原产哪里、什么地方最多、基本的培植方法是什么；有专家思维的人会根据自己的需求，研究这种花能为自己的专业发展带来什么价值，自己又该如何挖掘并以创新的形式呈现这些价值。

任何人学习任何一门课程、一种技能，或者进入一个新岗位，其成长过程一定是循序渐进的。无论你是学习一门课程，还是进入一个工作岗位，都要经历 5 个升级打怪的阶段：新手、适应、胜任、精通、专家，知识管理也应与当前的成长阶段相匹配，如图 5–5 所示。

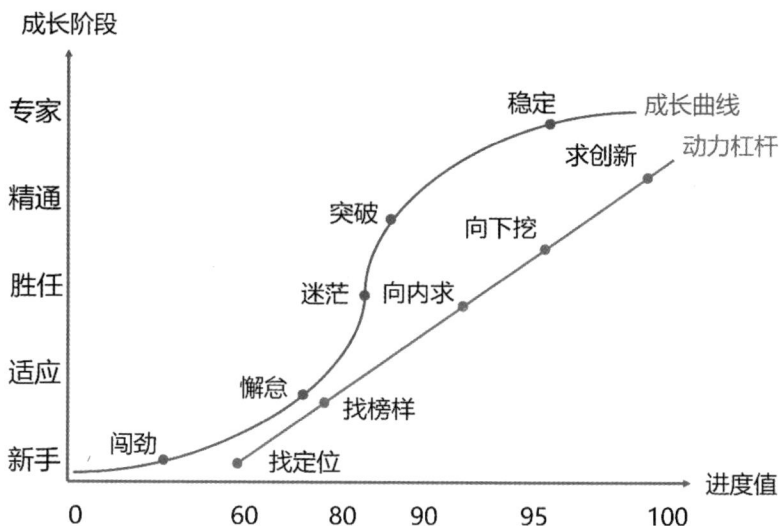

图 5-5　个人成长与学习进步曲线

在新手期和适应期，要向外寻求更多的学习机会和表现机会，以求快速找到体现价值的立足空间；到了胜任期以后，重点向内求、向下挖掘，以图把根扎得更深更稳。无论你处于哪个阶段，都要学会使用"动力杠杆"，确定一个能撬动成长的点，从而更好地实现跃进式成长。

1. 新手期：找定位。 刚接触新事物时，一切都处于未知，你拥有足够的好奇心且激情满怀，充满干劲。你会想，如果学会这个，未来可以怎样；如果能达到某人的水平，就能怎样。

在这个阶段，你丝毫不怀疑自己的闯劲儿，但你缺少定位，看到什么都想学。你的激情与对未来的憧憬存在非理性因素，但你只是在把别人的表面风光想象成自己未来的样子。

你需要静下心来做定位，搞清楚自己当下最应该学习哪些知识，从哪里开始学起。你可以向高手请教，让他给你列一个书单或推荐课程。高手推荐的东西虽然很有价值，但是如果你想更顺利地度过新手期，高手的建议并不一定适合现在的你。他有可能根据自己的经验给你提出建议，最可怕的是，他可能会以他当下的水平为基础给你提建议。

相较于请教高手，倒不如请教比你厉害一点点的人，因为他刚度过新手期或刚达到胜任期，你当前经历的一切，正是他不久前经历的，他比高手更了解你的需求。

当然，如果条件允许的话，你可以拜一个处于胜任期的人为师，或者请他当你的教练。同时，和处于适应期的人建立一种亦师亦友的关系。这样，你就更容易获取到当前最需要的知识信息，快速进入适应期。

2. 适应期：找榜样。从图 5-5 中可以看到，从新手期过渡到适应期是进步最快的，"爬坡"的难度也相对较低。进入适应期后，很多人会产生自以为很厉害的错觉。

无论是学习还是工作，很多人都被"适应期"的假象所迷惑。比如，把周围人的表扬与赞美当成自己真实实力的体现，人家原本的意思是鼓励你，恭喜你取得进步，你却误以为是人家崇拜你。

随着知识付费的兴起，各种变现训练营也如雨后春笋般兴起，我发现很多社群的书友在刚开始学习时进步很快，经过短时间的学习，就能拿出合格的作品。但是，几年过去，他们并没有什么起色，原因是他们把"合格"当"优秀"，把训练营的作业标准当成了进入市场竞争后的产品标准。因此，适应期一定要警惕认知盲区带来的懈怠危机。

当你觉得所学习的技能或所从事的工作"也不过如此"时，一定要去关注别人是怎么做的，找个学习的榜样，发现自己和别人的差距。但千万不要把比你厉害太多的人当成榜样，对方如果比你高出几个层级，你只能仰视，那么他不应是你的榜样而应是你的远期目标。最有利于你发挥"动力杠杆"作用的榜样，一定是只比你高出一个层级的人，或者和你在同一个层级，但比你努力、比你更善于学习的人。

3. 胜任期：向内求。在榜样的带动下，你可以顺利突破适应期的懒怠，进入胜任期。这时，你会遭遇一种前所未有的迷茫，面对"小白"们的崇拜，你有些飘飘然，如果是学习一门课程或一种技能，你觉得自己已经达到炉火纯青的境界；如果是从事一份工作，似乎没有你搞不定的事。但是，静下心来思考未来，你又找不到前进的方向，你似乎已经触摸到了天花板，总有一种莫名的危机感袭上心头却不知道危机在哪里。

这时候，你需要向内求，问问自己的初心是什么，你曾经的梦想是什么，再去比较你当前所拥有的知识及你当前的认知与理想目标有多少差距。在这个阶段，你一定要写反思日记，"一日三省吾身"。

如果是学习，你可以尝试考取行业证书，通过做题来检验自己对知识的掌握程度，那些错题就是你要努力去提升的方向；如果是工作，你可以尝试承担更多的责任，记录工作中的失误和可以改进的点，反思日记会告诉你该去学习什么，该在哪些方面取长补短，实现精进。

4. 精通期：向下挖。一旦你走出胜任期的迷茫，进入精通期，你会体验到一种前所未有的通畅感，你能清晰地看到，自己的知识系统还有很大的空间有待填充，你所学习的专业课程还很多有待挖掘的知识宝藏，你所从事的岗位还有很多有待实现的价值。

这时，你很想实现突破，但真落地实践，又会发现你所熟悉的一切都变得很陌生。这是由于在之前的成长中，你过于重视立竿见影的"术"，忽略了基础理论或基本原理类知识的学习。进入精通期后，你有很多经验和技巧应对面临的事务，但你很难说清楚这些经验和技巧背后的原理。

如果你止步于此，之于学习，你也算优等生，不至于轻易被人超越；之于工作，你总能优先找到一份体面的工作，甚至被人称为"专家"，但你自己很清楚这是别人对你的尊称。从人情世故的角度讲，你坦然接受这份荣耀；从反思个人实力的角度讲，你也很明白自己是个"伪专家"。

成为真正的专家，需要你把学习目标转为向下挖掘，大力增补原理类知识，深钻细研以求突破。加强自己对基本原理的掌控，总结出自己的方法论和心得，给他人的分享也从传授经验和技巧转变为分享普适的方法规律。不仅自己从"鱼"向"渔"转变，对他人也要从授人以鱼向授人以渔转变。

这种转变无疑是艰难的，从图5-5可以看出，从90分走到95分，有一个漫长的爬坡过程。因为在这个阶段，你需要学习的原理类知识枯燥而单调，而你又不再是一个"小白"，需要清醒地认识到自己的不足，需要坐坐"冷板凳"，这非常考验你的意志和耐心。

5. 专家期：求创新。当你成为某方面的专家后，就拥有了相对权威的话语权。你的学识、见识、认知都趋向于一种稳定状态。周围的人在碰到相关问题时，首先想到的是听取你的建议，你就可以在圈子内成为一个意见领袖。

但是，成长永远在路上，学习也永远在路上。知识会随着技术进步和社会发展而更新迭代，想保住自己专家的地位，就要保持成长进步的状态，不断去创新知识，提出更多更新的理念，做出更多更新的成果。

在这个阶段，要想让你的"动力杠杆"发挥作用，最好的办法是求创新，以引领潮流的姿态面对学习，扩容知识系统。虽然"个人成长与学习进步曲线"中的进度值有"100"这个数值，但你要清楚，创新是永无止境的。

若你已经是专家，就不仅要自己求创新，还要带动更多的人去创新，让专家精神和终身学习的理念传承下去。这是你的使命，也是你的荣耀。

扩容知识系统，是你当前所掌握的学科知识无法满足你的需求，不足以解决你所面临的问题时，才需要重点关注的事情，是一个结合需求以"刨根问底"的精神去求知的过程。只要你有所追求，必然会觉得能力不够，产生本领恐慌。

如果你觉得自己没有什么需要提高的，就要主动思考为什么会有如此可怕的想法。因此，扩容知识系统是一项实现人生目标的精进工程，一定要先弄清楚自己处于哪个阶段，再考虑如何扩容知识系统。

如果你正处于新手期，你的知识系统可能只有一个框架，其中并无实际内容；也许连框架都没有，那就借鉴之前构建其他知识系统的经验，从零开始。在这种情况下扩容知识系统，是指结合自己的成长计划需要新增一个系统。如果你已经过了新手期，扩容知识系统，就指结合个人成长需要，在现有知识系统中继续新增知识。

第四节 拓展知识子网：成为一专多能型人才

以主题学习持续稳固主业竞争力

拓展知识子网是一个拓展"第一曲线"竞争力边界的知识管理活动，可以让你成为"一专多能"型人才。"专"指的是你的核心竞争力；"多能"是指在受领一项工作任务时，需要使用核心能力之外的知识，才能完成的能力。比如，一个人特别擅长整理衣服，从事"家庭收纳整理师"，在整理衣服方面是"顶级专家"，但如果只会整理衣服，其岗位竞争力就会明显下降，所以还要学会整理厨房、书房及其他与家庭收纳整理相关的技能。同时，如果这个人还能用简单的语言分享自己的方法，教会他人如何做好家庭收纳整理师，就还可以成为教练，获得更高的回报。

社会发展对人的能力要求越来越高，总会给我们带来焦虑。什么都要学，什么都想学好，是摆在我们面前的现实问题。

怎么办呢？我的思路是"整体规划，各个突破"。

下面以考取信息系统项目管理师证书为例，讲述如何构建与扩展知识子网，如图 5-6 所示。

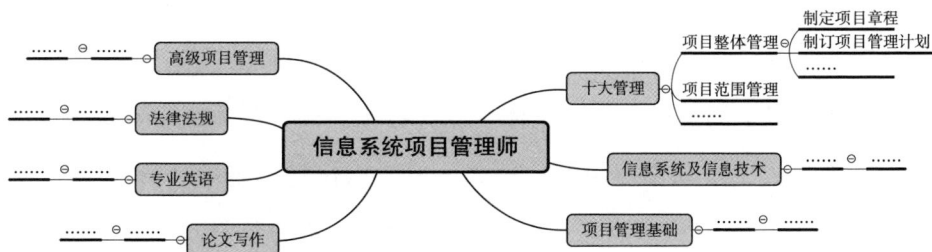

图 5-6 "信息系统项目管理师"知识子网

为了成为一名信息系统项目管理师，你可以先去了解这个岗位有没有考证的资料，利用考试大纲快速建立知识子网框架。结合知识网格化管理模型，从图 5-6 可以看出，"信息系统项目管理师"知识子网包括了 7 大知识系统，分别是"十大管理、信息系统及信息技术、项目管理基础、高级项目管理、法律法规、专业英语、论文写作"。

需要注意的是，在知识系统下可以根据实际情况，建立知识子系统，如"十大管理"知识系统下创建了"项目整体管理"……知识子系统。

当然，你也可以不创建知识子系统，直接把"项目整体管理"作为一个知识网格，在这个知识网格中以标注"元知识标签"的形式，创建虚拟知识网格，如"# 制定项目章程""# 制订项目管理计划"。

创建知识子系统，相当于知识子网结构多了一层目录；创建虚拟知识网格，相当于使知识网格的颗粒度变大。这是一个具体的使用问题，读者朋友无须执着，本书第六章会做具体介绍。

我们从小就懂得一个道理，学习是一个循序渐进的过程。但成年后却会忽视这个道理，一味追求快，执着于即时获得感，以为只要掌握了某种方法，就能变得很厉害。比如，以为只要知道了快速阅读的方法，就能立即实现一分钟阅读 2000 字。所以，我经常和书友们讲，你教 2 岁的小孩使用筷子，他就能马上按照你的示范拿稳筷子夹到菜吗？这是不可能的，因为"知道"与"做到"之间，还有一个漫长的学习过程。

拓展知识子网强调采取"整体规划，各个突破"的方式，确保每一个知识点都学透，实现学习精进。例如，要考取信息系统项目管理师证书，如果今天学"十大管理"，明天学"论文写作"，很容易打乱学习节奏，而且会发现这种东一下、西一下的学习方式，最少存在以下 3 个问题。

第一，同一个时间段内学习的知识关联度太低，每天学习的知识都很陌生，理解特别困难。

第二，人为制造知识连接壁垒，很难在现有知识网格之间创建知识连接，难以使用"知识串连"的形式复习知识点，降低复习效率。

第三，学习目标不聚焦，导致学习的获得感很低，面对大量的知识点，产生无论如何也学不完的错觉，为学习焦虑，失去学习的信心。

因此，我建议采取"主题学习"的方式展开学习，即在一个固定的时间段内，只学习同一类知识。比如，为了实现考取信息系统项目管理师证书的总目标，计划用 1 个月的时间学习"十大管理"。在这 1 个月内，"死磕"这个主题，学透了再去学下一个。

在做"主题学习"时，最好采用"先易后难、先基础后专业、先重点后普遍"的策略。比如考一个证书，先要搞清楚考核的重点知识、基础知识、难点知识等，再制订学习计划。

同样的道理，新入职一个岗位，也要先了解岗位的基本职责，快速找到立足点，然后再去拓展学习，以求获得更多的表现机会。因此，扩展知识子网不是简单地结合工作、生活、学习所需在知识子网中增加知识系统，而是要树立"整体规划、各个突破"的思维理念，划定知识系统之间的边界，这个"边界"包括知识连接边界、掌握程度边界、投入时间边界。

知识连接边界是指按知识系统之间的关联度进行排序，把知识关联度紧密的知识系统以"紧前"或"紧后"的方式排在"最近邻"的位置，并以此作为确定学习"先后顺序"的依据。

掌握程度边界是指按知识系统对"实现目标"的影响力进行排序。比如要考取一个证书，搭建知识子网框架后，通过了解考核大纲和历年考试内容的侧重点，会发现在正式考试中，不同科目的考核重点不一样。

　　建议大家采取"基础知识保底学、重点知识细致学、难点知识突破学、边角知识了解学"的方式，给"知识系统"划定 4 个学习等级，即基础先行、重点紧跟、难点跟随、边角陪跑。因为"基础不牢，地动山摇；重点不通，无法及格；难点不会，高分无缘；边角不知，错失三五分"。

　　投入时间边界是指按知识系统在知识子网中的重要程度安排时限、时长和日程顺序。时间是你最珍贵的资源，正所谓"好钢用在刀刃上"，当你准备在一件事情上投入时间时，必须考虑时间的投入产出比。

　　很多时候，我们会做很多无用功，比如把难点当重点学；又如在工作中，连解决日常问题的知识都没有掌握，却花很多时间去研究如何一鸣惊人。我们必须要清楚一个现实，就是保证自己先"活"下来，再去谈其他。参加一项考试，先要保证"通关"；入职一个岗位，先要保证达到岗位的基本要求，找到自己的立足空间。

　　总结来讲，拓展知识子网就是要遵循"整体规划、各个突破"的基本原则，先思考如何在"一专"上下功夫，再思考如何搞定"多能"。我们要学会围绕目标设计自己的个人成长计划，把拓展知识子网融入个人成长计划中，让知识管理助力个人成长。

第五节　升级知识网络：成就人生更多可能

开启第二曲线，化解主副业冲突并相互赋能

　　狡兔三窟这个成语出自《战国策·齐策四》的名篇《齐人有冯谖者》，讲的是春秋时期一个叫孟尝君的人，非常喜欢交朋友，招了很多门客。在这些门客中，有一个叫冯谖的人，他在孟尝君家住了很长一段时间，却没有做过任何事情。一次，他主动提出去一个叫薛邑的地方（今山东枣庄市薛城区）给孟尝君讨债，不仅没有把债讨回来，还当众把百姓给孟尝君写的借条烧掉了。后来，孟尝君被齐王解除相国之职，去薛邑定居，当地百姓都对他感恩戴德，非常尊重。孟尝君才发现冯谖是个人才，对其表示感激。冯谖和孟尝君讲："狡兔有三窟，仅得其免死耳。今君有一窟，未得高枕而卧也，请为君复凿二窟。"后来，冯谖又设计让齐王将孟尝君请回当相国，且向齐王提出了对孟尝君更有利的要求。

　　初学这篇文章时，我还是一名中学生。"狡兔三窟"在我看来也只是众多成语中的一个。随着年岁增长，越发觉得这个成语教给我们一个很重要的生存道理：如果要提升应对职场生存风险的能力，必须在合适的时候开启职业生涯的第二曲线，这便是升级个人知识网络的意义。即无论你当前从事的工作是否稳定，都要顺应时代发展，不断去升级个人成长计划，因为这个时代不只需要专家型人才，还需要专业过硬且同时具备良好沟通协作能力的人才，更需要能应对复杂问题的多专多能型人才。

　　在当代职场中，人们习惯把人才分为 3 种类型：I 型人才、T 型人才和 π 型人才。"I 型人才"即某个方面的专家，构建和扩容知识系统成就的就是让自己先成为 I 型人才，但 I 型人才只有一个专长，职场上的生存空间狭窄，再就业的难度比较大。

"T 型人才"的概念，由哈佛商学院教授多萝西·伦纳德·巴顿（Dorothy Leonard Barton）提出。"T"的一竖（｜）表示专业技能，一横（一）表示技能连接能力，即能在团队协作中展现出良好的沟通能力，把自己的专长融入，影响甚至带动团队的整体工作效率。构建和扩展知识子网可以帮助我们成为"T 型人才"。

"π 型人才"比"T 型人才"多了一竖，是"两条腿走路"，意即拥有 2 种甚至 2 种以上的专长，是 2 个以上领域的专家，应对风险和挑战的能力更强。在职场上，"π 型人才"进可攻、退可守，既可以利用"第一曲线"、第一专长守住已有的事业和成果，又可以随时在"第二曲线"上利用第二专长开疆拓土，创造更多业绩，成就更好的自己。构建和升级知识网络，可以助力我们成为"π 型人才"。

那么，我们应该在何时开启自己的第二专长学习呢？著名管理思想大师、伦敦商学院创始人查尔斯·汉迪在其著作《第二曲线：跨越"S 型曲线"的二次增长》一书中提出："第二曲线必须在第一曲线到达巅峰之前就开始增长。"意思是讲，第一曲线必须有足够的资源（金钱、时间和精力）承受在第二曲线投入初期所带来的压力，如果在第一曲线到达巅峰并已经掉头向下后才开始第二曲线，那无论是在纸面上推理还是在现实中实践都行不通，因为第二曲线没有增长得足够高时，仍然需要投入大量资源，无法及时给第一曲线赋能，而第一曲线的资源已经开始萎缩，自顾不暇，已不能给第二曲线发展提供足够的资源支撑，助力其度过投入期。

每个人都要在合适的时候升级个人成长计划，开启第二曲线学习，为发展第二曲线储备知识和能量。那么，我们该在何时开启第二曲线学习呢？图 5-7 直观地描述了开启第二曲线学习的时机。

从图 5-7 中可以看出，当第一曲线学习过了适应期后，就要开始筹划第二曲线学习。静下心来思考一下自己的兴趣、爱好，未来如果离开当前岗位最想做什么、能做什么？平时多关注一些行业前沿动态，确保第二曲线学习既是自己所爱，又能跟上趋势。当第一曲线学习过了胜任期，就要正式开启第二曲线学习行动。此时，你刚度过第一曲线学习的迷茫期，跨越了一个成长拐点，正处于自信心爆棚的阶段，如果再晚一点，你可能又会陷入迷茫，失去行动的信心和奋斗的动力。

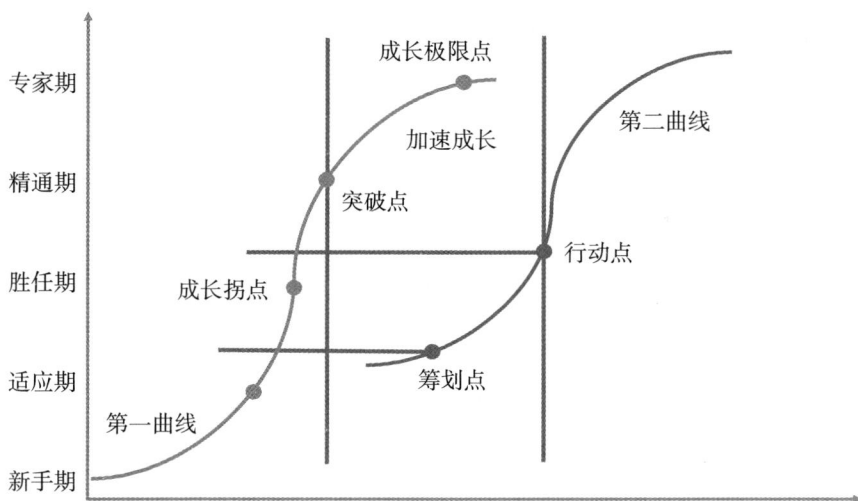

图 5-7 开启第二曲线学习的时机

一定不能让第二曲线学习的"行动点"和第一曲线学习精通期的"突破点"相遇，一旦这两个点发生交叉，你可能会面临"紧张而慌乱"的局面，顾此失彼、患得患失，最后两条曲线都发展不好；反之，则第一曲线学习积累的知识，可以为第二曲线学习提供支撑，而在第二曲线学习中获取的新知识，又可以为第一曲线学习赋能，帮助你打开视野和格局。两条曲线相互驱动，从而生成"成长加速器"，不仅有利于你顺利突破第一曲线学习的精通期，更有利于你的"成长极限点"上移，拥有更多的发展空间和更高层次的精进机会，更快更好地成长。

由此可见，每个人的个人知识管理都必须和个人成长计划紧密结合起来。你是否能实现目标，有一个重要的因素，就是你要比其他任何人都清楚自己当前处于一个什么样的状态。

开启第二曲线学习的知识管理，相当于为"抓住下一个大机会"做准备。当我们在筹划第二曲线学习时，可以使用"双钻模型"进行思考和定位，如图5-8所示。

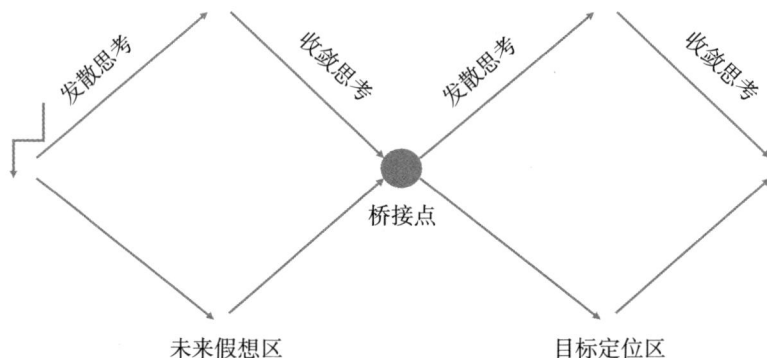

图 5-8 定位"第二曲线学习"目标的"双钻模型"

"双钻模型"是由英国设计协会于2005年提出的一款设计模型，是专门为设计师提供的一种思考模式，业界通常将其视为设计思维的重要模型。设计思维本质上是一种聚焦于创新的思维模式，发展第二曲线就是一项重要的创新活动。

当我们应用双钻模型定位第二曲线学习的目标时，需要先定义"未来假想区"和"目标定位区"，然后再分别做"发散思考"和"收敛思考"。想发展第二曲线又找不到方向，推荐按照如下 7 个步骤去操作。

第一步，先拿一张 A4 纸，分为两半，左边为"未来假想区"，右边为"目标定位区"，先对"未来假想区"做发散思考，把你对未来的憧憬、愿望都写下来，想到什么就写什么。

第二步，制作你的梦想清单并排序，做收敛思考。此时，你要仔细阅读刚才写下来的内容，开始深度思考你在未来 1 年、3 年、5 年甚至更长时间内，想成为一个什么样的人，想做什么，想过什么样的生活。把这些想法都用具体的文字描绘出来，而那些无法描绘出具体场景的选项，则直接舍弃。收敛思考的结果是确定符合现实的梦想，这个梦想要能转换成可实现的目标。

第三步，收敛思考，确定假想目标。"未来假想区"和"目标定义区"的结合处有一个"桥接点"。它提醒我们，一定要结合现实情况，注意观察第二曲线学习与第一曲线学习的相关性，在行业选择上不要相差太远，才有利于两条曲线的发展相互赋能。我们都说"隔行如隔山"，最现实的做法是选择和第一曲线相关的领域，作为第二曲线的发展起点，确保在发展第二曲线时，你在第一曲线的积累可以为第二曲线提供强有力的支撑。

第四步，结合收敛思考确定下来的假想目标，继续做发散思考。此时主要思考实现假想目标需要采取哪些方式、展开哪些行动，你具备哪些优势、存在哪些不足，把这些都写在"目标定位区"。

第五步，聚焦如何实现目标制定解决方案，即在"目标定义区"做收敛思考。重点审视你在第四步列举的内容是否全面，用它们制订实现目标的行动计划，并检查其可行性。如果你发现目标可实现，且符合你的未来发展诉求，就说明下一步可以将其作为第二曲线学习的任务和目标。反之，就需要重新检查之前的步骤是否存在问题。

升级个人知识网络，本质上是一个持续思考个人成长精进的过程。人生很长，完全有足够的时间活成自己想要成为的样子。我们要做的是每一次开启新的学习，都建立在之前学习的基础之上，一步步地实现横向拓展知识边界，纵向提升认知高度和强化认知深度。

第六章

知识管理的本质是使用知识

打造知识升值螺旋，玩转知识实践

————

　　爱尔兰剧作家萧伯纳有一句名言："有足够的常识便是天才。"知识只有转化为常识，才能成为你应对问题的智慧。否则，无论读多少书，获取多少知识，都不会带来太多价值。就算你把所见到的知识都背记下来，也只是存储到大脑中，与存储在任何一个电子设备中没有太大区别。记忆存储不代表你有能力掌控知识，一切你没有能力驾驭的东西，都不真的属于你。

　　同理，做知识管理一定要使用知识，知识只有被使用才能产生价值，也只有在被使用的过程中，才能转化为常识或经验。

第一节 建立"知识管理动力圈",应对乌卡(VUCA)

布局能力生成路径,拥抱不确定性

为了防止知识管理止步于获取知识,一切学习都应该基于我是谁、成为谁、为了谁而进行,唯有如此,你才能做到聚焦目标去使用知识,在目标的驱动下,才有足够的动力把知识转化为解决问题的常识,再用常识去学习更多的知识,形成一个学习成长的良性循环。

我专门设计了一个"知识管理动力圈"(见图6-1),对知识管理行动进行精准定位,既着眼当下,又考虑长远,确保在正确的时机学习所需要的知识。

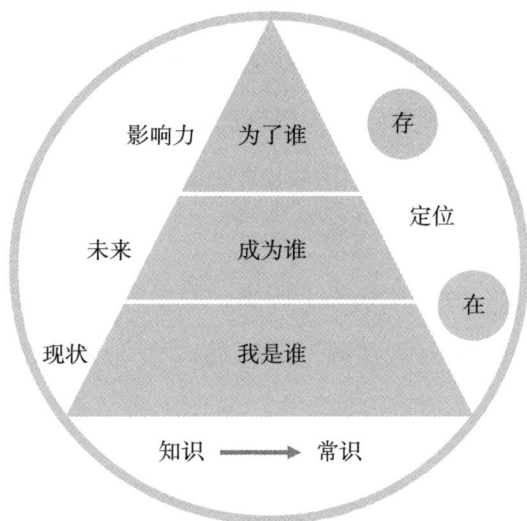

图 6-1 知识管理动力圈

设计"知识管理动力圈"的灵感来自儿时"滚铁环"的经历。"铁环"一般是用来固定圆木桶的铁箍，这种圆铁箍可以滚动。儿时的我把铁棍的一端折成"U"形套在铁环上，手持另一端推着铁环飞奔。我在设计"知识管理动力圈"时，脑海里浮出的第一个画面就是儿时和伙伴们玩"滚铁环"的游戏。

"知识管理动力圈"是动态的，在理解它时，要想象出"知识管理动力圈"在一条路上向前滚动的画面，才能悟出其中道理。

"我是谁"是指要认清自己的现状，精准识别当前最紧要的需求，着眼当下必须学习的知识，用知识解决当下的问题，确保知识在当下变现；"成为谁"是指要对未来的成长有一个清晰而可实现的规划，给未来的自己画像，1年后、5年后、10年后想过什么样的生活，最好选定一个符合你期待的未来"画像"。在给未来"画像"时，最好确定一个目标人物，他的成长经历与你当下的经历有相似之处，以他为学习对象，然后制订自己的学习成长计划，确定要学习哪些知识、用这些知识去解决哪些问题，储备知识给未来保驾护航；"为了谁"是指你未来要给哪个群体提供价值，使他们因你而变得更好。

"在"是指当下，知识要在当下使用，确保自己在一个圈子里找到立足空间，解决"现在能好好地活着"的问题；"存"是指未来，即当下的延续，用当下的常识去学习更多新知识，解决阻碍"未来生活更加美好"的问题。

"存"与"在"，是一个相对的概念，"知识管理动力圈"处于向前运动的状态，它们的位置也会随之发生变化。我们可以从这个变化中发现，"存在"和"在存"是两种不同的状态，细细品味，你可以从中得到许多启示。

"知识管理动力圈"每向前转动一圈，使用的知识内容和状态便随之更新，"常识"与"知识"也将保持连续迭代的状态，形成知识→常识→新知识→新常识的滚动叠加增长态势。

2021年，元宇宙时代的序幕拉开，未来的社会形态更加多元也更加复杂，职场竞争必然更加激烈。随着元宇宙生态的布局日趋完善，每个人都将更加明显地感受到时代的易变性（volatility）、不确定性（uncertainty）、复杂性（complexity）和模糊性（ambiguity），这些特性被称为乌卡（VUCA），如图 6–2 所示。

图 6–2　VUCA 的特性

VUCA 原本是在 20 世纪 90 年代流行的一个军事术语，后来被引入商业和教育行业，作为一种指导组织战略的思想和方法。曾任宝洁公司首席运营官的罗伯特·麦克唐纳，借用这个军事术语来描述新的商业格局，称"这是一个 VUCA 的世界"。为了更好地适应社会发展，我们需要对自己的能力生成路径提前布局，在正确使用知识的过程中提升应对能力。

时代展现出 VUCA 所揭示的易变性、不确定性、复杂性和模糊性，是不可逆转的趋势。这要求我们在学习中，结合自己的成长目标，着重培养对未来的预测能力、掌控事态发展的能力、结果交付能力、识别变量之间关联的能力、做出改变并提前储备力量的能力、抓住成长机会的能力。这相当于告诉我们，要建立一种基于现状和目标去做准备的学习模式，表 6-1 给出了应对 VUCA 的知识管理措施。

表 6-1　应对 VUCA 的知识管理措施

序号	能力项	应对措施
1	对未来的预测能力	提升洞察力的知识管理
2	掌控事态发展的能力	制定应对策略的知识管理
3	结果交付能力	掌控成长过程和成长资源的知识管理
4	识别变量之间关联的能力	提升个人影响力的知识管理
5	做出改变并提前储备的能力	保底生存系统和重启事业的知识管理
6	抓住成长机会的能力	提升识别风险与机会敏锐度的知识管理

在知识管理过程中，什么时候学习什么知识、使用什么知识、解决什么问题，要有定位，否则会陷入学习与成长的迷茫，遭遇学用脱节，导致读很多书但没有能力解决现实问题的困境。只有基于问题、基于目标去使用知识，才能产生知识活力。而真正能产生知识活力的，往往是你所掌握的关键少数知识。所以，知识管理也存在"二八现象"。作为一个终身学习者，我们会读很多书，学习很多知识和技能，但 80% 的收益都来自 20% 的知识。这就告诉我们，要时刻清楚哪些知识和技能是自己必须具备且经常会使用的。人生的每一阶段需用到的"关键少数知识"不同，它们会因时因事而变。

很多时候，并非你知识不够，也并非你能力不行，你只是没有找到适合自己的赛道。比如，你是一名很优秀的心理咨询师，在心理领域有着丰富的经验和独特的见解，但你并没有去做自己擅长的事情，而选择去应聘自己不擅长的岗位，结果自然不理想。

很多人在上大学时没有想好自己以后要做什么，毕业后就只能为了生存而找一份"只要给饭吃就干"的工作。最可怕的是，进入职场后依然没有规划，工作十几年后依然在为找份解决"吃饭问题"的工作而发愁，中年危机就这样产生。如此下去，晚年危机也会在将来出现。

如果我们能尽早建立自己的"知识管理动力圈"，不仅有能力去应对一切变化，还能在变化中发现并抓住更多成长机会。

第二节　当好自己的教练，激活内驱力

用好 GROW 模型，走出舒适区

知识付费的兴起带火了付费社群。在互联网时代，你只需要一部手机，就可以建立一个社群，哪怕没有自己的课程，也能以陪伴的名义做一个打卡社群。这种形式之所以有市场，是因为每个人都有惰性，但又不想躺平 [①]。于是交押金进入打卡社群就成了很多人克服拖延症的方式。

在我看来，这种方式虽然能起到一些作用，但解决不了根本问题，因为学习是自己的事情，如果一个人必须靠外力"惩罚"才能付诸行动，可能会陷入假装努力的困境。原本快乐的学习变成了一项打卡任务，初衷是为了成长进步，实际却为了拿回押金而打卡。

我时常在朋友圈看到一些段子："早晨 5:00，打卡学习英语，图片已发，接着睡觉。"对于很多人而言，打卡已经成为掩盖自己在"假装做事"的动作，一种欺骗自己或寻求自我安慰的方式。

人的天性就是喜欢静止而舒服的状态，"打卡"是一种外部压力，理论上可以驱使我们走出"舒适区"。俗话讲："井无压力不出油，人无压力轻飘飘。"可见，外部压力对激发一个人的行动力，有着非常重要的作用。但是，需要注意，如果井下无油，再强大的外部压力也压不出油来。

如果一个人没有强烈的成长欲，再怎么强迫他也做不出成绩。因此，

---

① 躺平，网络流行词，指人们在面对压力时，内心再无波澜，主动放弃，不做任何反抗。——编者注

相较于外部压力，拥有强大的内生动力，才是实现成长精进的关键，强烈的成长欲是内生动力的源泉。

走出舒适区，是一件反人性、反本能的事情。需要有外部力量的干预，但如果这个外部力量是从人的内心生长出来的，则可以起到事半功倍的作用。打卡可以给我们施加压力，督促我们付诸行动，相当于找一双眼睛来盯着我们。别人盯着我们，我们会想方设法去对抗，去欺骗对方，最终骗的当然是自己。既然如此，我们完全可以自己监督自己呀！所以，我想到了一种模式：当自己的教练。

在这个快节奏时代，我们都在感叹"时间去哪儿了"。每当想读本书、写篇文章、做点真正有价值的事情，就会觉得没有时间；但是玩游戏、看短视频、用社交软件和陌生人闲扯却时间充裕，拿着手机一玩一上午，下午接着玩，晚上还要抱着手机入睡。如此，我们不仅有时间，而且精力也很旺盛。

这时候，我们需要采取"逆向做功"的方式，把这些"多余"的时间和"多余"的精力消耗掉，把深藏在内心的成长欲激发出来。这就像用抽水泵抽水一样，把低处的水抽到高处的水库中储存起来，让水形成从高处往低处流的势能，再流向需要灌溉的农田。这样一来，低处的水有了好的去处，高处的农作物拥有了源源不断的水源。

"当自己的教练"需从内而外都贴上"慎独"的标签，要求我们学会用灵魂来陪伴孤独的身体。当你发起"当好自己的教练"的心愿时，就会产生一股强大的内生动力，驱动你开启思考人生模式，自发地规划未来。当你把对未来的憧憬写在纸上，就可以进入自我监督状态，愿景会陪伴你左右，成为监督你去行动的眼睛，也能让你浑身充满干劲儿。

我有一个好朋友，从小一块长大，他从学校毕业后进工厂当了一名技术员，后来一路做到技术总监。但是，职务升迁和薪水翻倍反而让他感受不到生命的意义。他和我讲，现在上班只想"摸鱼"，觉得特别困，就像一只瞌睡虫，刚开始以为是身体出问题了，可到医院检查却一切正常。于是，他想应该是思想出了问题，感觉自己的人生已无进步的空间，剩下的时光，只是不断重复昨天而已。

经过再三思虑，他决定辞职创业，重新唤起斗志。创业艰辛，但是他一点也不觉得累，加班到半夜是常有的事，早上起来一样精神抖擞。因为每天都过得很充实，所以睡觉也踏实。

我想，这便是心愿的无穷力量，它能让你想有奔头儿、干有劲头。美好的愿景和清晰的奋斗目标，是我们成为"自己的教练"的基石。

那我们要如何才能当好自己的教练呢？绩效咨询（国际）有限公司（Performance Consultants International，PCI）的联合创始人约翰·惠特默于1992年提出了一个职场教练GROW模型，GROW是4个英文单词的首字母组合，即目标（goal，G）、现状（reality，R）、选择（options，O）、意愿（will，W）。英文单词grow是成长的意思，因此GROW又是一个成长模型。我们可以利用GROW模型指导个人成长，从中得到如何"当好自己的教练"的启发，如图6-3所示。

1. **设定目标**。如果你想在学习中获得成就感，必须制定清晰而明确的目标，并为目标构建美好的愿景。搞清楚为什么要学习，才能坚定行动信念并拥有强烈的使命感。很多时候，并非你做得不够好，拥有的不够多，只是你的目标太模糊，没有把目标转换成蓝图式的愿景。比如，有人总觉得自己的薪水太低，如果你问他一年到底想挣多少钱，他却说不出一个具

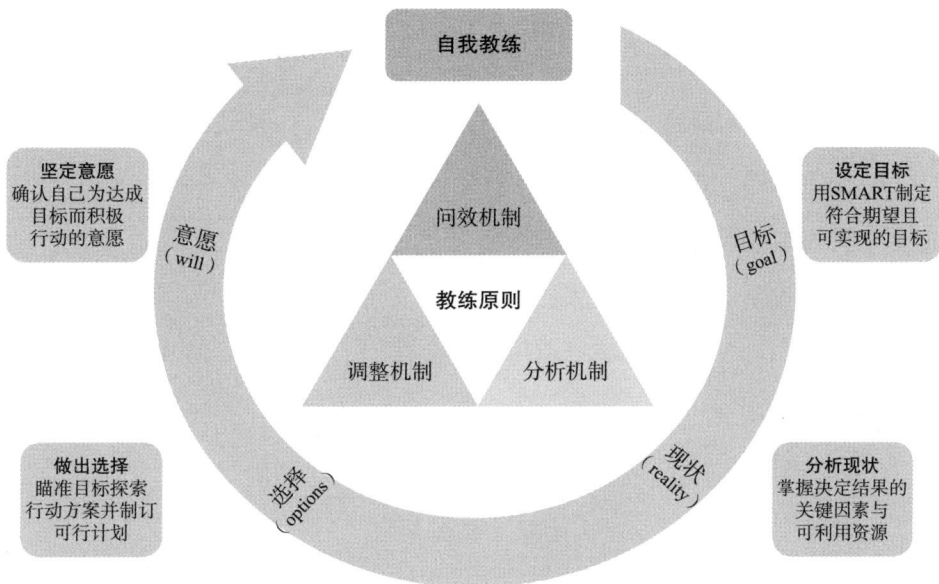

图 6-3 GROW 模型 – "自我教练" 应用方案

体的数字；你问他为什么要努力挣钱，他只能用"为了孩子、为了养家糊口"等含糊其词的表达来搪塞；他们无法描绘自己心目中的幸福生活具体需要多少金钱保障，甚至从来都没有想过自己想要的生活到底是什么样子。因此，设定目标一定要遵守 SMART 原则，即目标要具体、可衡量、可实现、与实际需求相关、有时间限制，否则你永远无法在奋斗中获得满足感。一个没有具体目标的人，不知道什么是成功。

2. 分析现状。列出实现目标所需的资源清单和能力清单。资源清单主要包括人际关系网络、社会背景、金钱、时间、物品工具等；能力清单主要包括知识、技能、经验等。在罗列清单时，区分事项确定优势、劣势和权重。

3. 做出选择。逐条梳理现状与目标之间的差距，探索实现目标的方法与途径。如果有多种方法或多条途径实现目标，应秉持既统筹整体又重视特例的原则，确定最终行动方案和保证方案落地执行的计划措施。

4. 坚定意愿。每日反思复盘，既要深刻反思计划未能有效实施的原因，也要坚持写成功日记，在行动中不断强化自己达成目标的意愿。任何行动都一定伴随挫折与痛苦，若非如此，我们又怎么能体会到成功的喜悦？因为付出了十倍的努力，承受了超出常人的压力，经历过一般人不敢面对的现实，你才变得不一样。我特别喜欢一句话："人活着，就是活一个奔头儿。"如果没有奔头儿，就容易精神崩塌。每当遇到困难时，我便对自己说，太容易实现的目标，要么无趣，要么无用。

表 6-2 所示为"GROW 模型-'自我教练'应用方案"清单模板，供参考，读者朋友可以根据自己的实际情况进行调整。

表 6-2　"GROW 模型-'自我教练'应用方案"清单模板

目标：30 天成为一名图书带货博主					
需求条件项	优势	劣势	权重	措施	完成时间
平台运营	……	……	……	……	……
图书选品	……	……	……	……	……
短视频文案	……	……	……	……	……
短视频拍摄	……	……	……	……	……
视频剪辑	……	……	……	……	……
……	……	……	……	……	……

"GROW 模型-'自我教练'应用方案"设置了 3 个机制，分别是问效机制、分析机制、调整机制。这 3 个机制是"自我教练"的基本原则。

建立**问效机制**是为了拿到结果。这个世界上从来不缺少能吃苦的人，能吃苦只是实现目标的基础条件而非必然因素。我看到过太多人陷入"吃苦误区"，总是把"受穷"当成吃苦，然而能"受穷"的人往往没有福气"享福"。我把"受穷"看成一个可能要面对的现实，"享福"才是我想要的结果。我发过一条朋友圈，打着"致释若"的标签："希望你能吃苦，但不希望你受穷，受穷是最低级的苦。你要勇于吃学习的苦、工作的苦、生活的苦。如果你贫穷，更要吃这些苦，拿到结果，摆脱贫穷。"

建立**分析机制**是为了及时止损。做好知识管理应注意把握变易，实现简易。

学习要遵循基本规律。随着信息技术的普及与互联网的高速发展，人们获取信息变得很容易，你有问题，很快就可以在互联网上找到答案。但互联网在给人们带来便利的同时，也让人们不愿意思考、急功近利、急于求成，最终扛着"实用"的大旗沦落为"知识的搬运工"，逐渐失去思考的能力。这对终身学习者来说是很可怕的事。如果不思考就随便使用知识，不仅无法让问题得到解决，反而会让我们失去最基本的常识判断力。如果看到任何一种现象、学习任何一种知识、使用任何一项别人介绍的经验，都主动分析一下再做决定，就可以避免不切实际的决定。

变易指的是事物发展必然不断变化，充满不确定性。我们做知识管理，以前使用某个知识点解决了问题，下次再用它解决那个问题，就未必有效。当好自己的教练，要经常结合当下的形势，分析过去制订的计划是否还能适应、自己的行动是否偏离了目标、过去的行动是否有缺陷。人们常说"计划赶不上变化"，对待计划一定要保持滚动规划、渐进明细的心态，不要试图一步到位。在行动的过程中可能会犯错，犯错并不可怕，可怕的是错了而不自知。我们要追求的不是不犯错，而是迷途知返。

简易指的是使用知识不能止步于解决一个问题。当我们用一个知识点解决了某个问题时，就要思考为什么用这个方法可以解决问题，以及用这个方法还可以解决哪些问题。举一反三，把解决一个问题的知识变成解决一类问题的知识。我在辅导女儿写作业时，经常在女儿写完作业后再出几道题，考考她们是否真的掌握了解题方法。所以，我的两个女儿都觉得我是"令人讨厌的爸爸"。她们向我请教一个问题，一定会给自己惹上一系列的"新麻烦"，但小孩子长大一点就懂事了，会开启举一反三的学习模式，成为和"令人讨厌的爸爸"一样的人。

在使用知识的过程中举一反三需要"反本能"。人的本能是满足于解决当下的问题，以后的事情以后再说。通常，人想偷懒时便会打出"简单点儿"的旗号，但简易不等同于简单，更不是偷懒的理由。

我们一定要警惕基于拖延和懒惰思想的简单，每个人都想"麻烦"快点离开自己，却不愿意承认"麻烦"离开得越快，回来得也越快。所以，在使用知识时，不妨多"让子弹飞一会儿"，多深入思考一会儿，用当下的"麻烦"做试验，尝试知识的不同用法或使用不同的知识来解决问题，再对比一下效果。同时，参照当下的问题，模拟一些同类问题去解决，找到其中规律。

建立**调整机制**是为了纠正偏差和防止错误蔓延。时常听人抱怨："读了很多书，依然没有能力处理现实问题。"因此，学习一定要结合目标实施范围管理，实现目标需要什么知识，就去学习什么。

所谓范围管理，就是要划定学习的边界，严格执行"GROW模型–'自我教练'应用方案"清单中规范的内容和制定的措施。若在分析、问效过程中发现计划清单有不合理之处，则及时修改、调整，变更学习内容和措施，确保知识管理活动与成长目标保持一致。

　　做好个人知识管理非一日之功，需要长期积累、迭代的过程。数千年前的商王汤在他的洗澡盆子上刻着："苟日新，日日新，又日新。"我第一次读到时，并无太多感悟。当人到中年，再读起它，却感慨良多，并用它给我的启发做了一张图片，设置成电脑桌面（见图6-4），每当想偷懒，我就会返回电脑前，盯着桌面看几分钟，就又有了干劲。

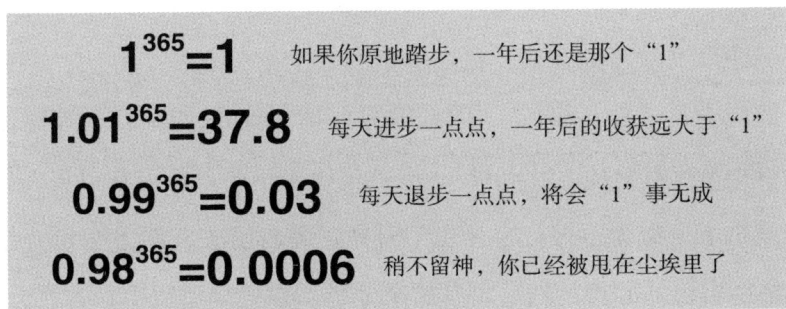

$$1^{365}=1 \quad \text{如果你原地踏步，一年后还是那个"1"}$$

$$1.01^{365}=37.8 \quad \text{每天进步一点点，一年后的收获远大于"1"}$$

$$0.99^{365}=0.03 \quad \text{每天退步一点点，将会"1"事无成}$$

$$0.98^{365}=0.0006 \quad \text{稍不留神，你已经被甩在尘埃里了}$$

图6-4　释若的电脑桌面

　　每个人都会有懈怠思想，这些年我的电脑换了一台又一台，但电脑桌面却从来没有变过，因为这张图片已经成为激励我行动的"内驱力"源泉。在书中晒出这张图片，希望它一样能打动你，在你想待在舒适区时，看看它，或许能从中获取前行的动力。

第三节　成为优秀知识传播者，培育海绵思维和淘金思维

提升创作效率和作品的传播率

我是一个特别喜欢分享知识的人，每次在学习中有所收获，都恨不得立即分享给他人。当然，这容易戴上"好为人师"的帽子，我也曾为此而苦恼。

从提升学习效率的角度看，教会他人是一种非常有效的学习方式。我参加过一些读书学习的社群，每当群里有人主动分享一个方法、一种技能时，立即就会被"你真棒！""你真厉害！""我真佩服你！"等赞美之词"刷屏"。我不反对给他人"点赞"，但赞美他人不要只停留在口头，最好的赞美应该是人家做得很好，自己也学着做，即自己去实践分享者介绍的方法，总结出自己的心得，然后再拿出来分享。在分享过程中，告诉分享者，你从分享中得到了启发，经过实践后也总结出了自己的心得。

根据我的调查，很多人都愿意分享但不敢分享。问其原因，是认为自己不是什么"牛人"，没有分享的资格，也害怕分享的知识档次太低。我认为，知识并无高低之分，分享知识也与自身社会地位无关。

很多时候，你所认为的常识，在别人眼里就是知识。比如，我给一位书友讲怎么写书评，他尊称我为老师。在交流中我发现她擅长整理衣柜，我向她请教，也叫她老师。她却觉得不好意思，认为自己不配当我的老师。可是，在我看来，我教她写书评，她教我整理衣柜，我们都从对方的分享中获得自己特别想要的知识，形成了互为师生的关系。

她整理衣柜的技能，在她看来是很简单的，不值得一提，所以她认为

自己没有资格当老师；写书评这件事情对我来说也很简单，我却把写书评的知识技巧当成了自己的宝贵财富。这是面对知识的两种心态，你所认为的常识，在他人看来可能是珍贵的知识。后来，她在我的鼓励下做了教人整理房间的课程，获得大量粉丝"点赞"，也给自己增加了一份收入。

我们经常听人讲知识升级、认知升级。刚开始，我也跟着人家喊"要升级知识体系""要升级认知系统"，后来，我发现知识和认知都没有高低贵贱之分，根本不存在所谓的"档次"。既然如此，又何来升级呢？根本就不存在升级呀，经过一番思考后，我有了自己的见解。任何知识都有其应用边界，而认知只是知识的一种深度转化。

如此说来，所谓的升级，就可以理解为多积累不同的知识，在理解消化知识的过程中拓展认知边界，让自己能理解并看透更多事物的本质，做到与之和谐相处。比如，你用成年人的认知去和三岁小孩对话，就是你的认知与对方的认知不匹配。因此，结合不同的人、事、物，匹配认知才是关键。

在知识付费平台，不仅教人整理房间的课程可以卖爆，教人做一道菜、做一套健身操、泡一壶茶的爆款课程也不少。每当我浏览这些课程，便很是感慨："为了谁而学习，决定了学习的格局，也决定了能获得何种成果。"

我们不得不承认，一个人只为改善自己的生活而学习，和为改善他人的生活而学习，得到的回报存在巨大的差距。真正强大的人会选择分享知识，因为他们想影响更多人，让更多的人因为自己的分享而变得更好。

我们可以把知识管理当成一项经营知识的活动。做知识付费，就是通过分享知识满足他人的求知欲，从而得到他人的赞誉和金钱回报。

如果你想做知识付费，成为一名优秀的知识传播者，必须拥有自己的作品。

　　有些书友一听到要创作自己的作品，就觉得很难。事实上，很多困难都是自己想象出来的。你还没有开始行动，千万不要自我设限，只管去做就行了。创作自己的作品，就是把从各渠道获取的知识，结合个人的理解和实践经验进行整合创新，转化成一本书或一门课程。

　　野中郁次郎认为，通过隐性知识和显性知识之间的相互作用即可创造出知识。关于如何转化，在本书第四章有所提及。野中郁次郎提出的知识创造过程（SECI）模型为我们创造知识提供了参考。

　　SECI 模型主要包括社会化（socialization）、外显化（externalization）、组合化（combination）和内隐化（internalization）4 种模式。图 6-5 是我参考 SECI 模型改造的个人知识转化创新应用模式。

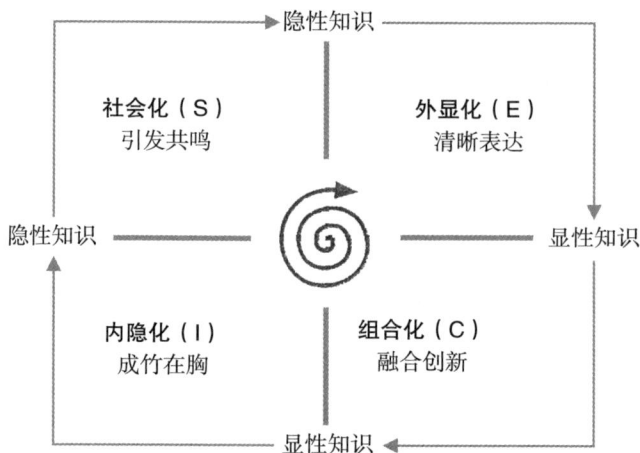

　　图 6-5　"SECI 模型"个人知识转化创新应用模式

　　社会化是指从隐性知识到隐性知识。将你擅长领域的知识以碎片化的形式（例如短视频）分享出去，为大众提供价值，以一种潜移默化的方式引起大众关注，引发群体共鸣。

外显化是指从隐性知识到显性知识。检查你初次分享的知识质量并根据用户喜好排序（如参考阅读量、收藏数、转发量等数据），挑选具有更高变现价值的内容，用更加精炼、通俗易懂的语言做加工处理，形成痛点精确、表达准确清晰的单个作品。

组合化是指从显性知识到显性知识。整合已经成形的单个作品，进行融合创新，形成系统化、体系化、系列化的作品链。

内隐化是指从显性知识到隐性知识。在传播知识的过程中，不断强化对知识的理解消化，做到理论知识融会贯通、技能知识熟练如庖丁解牛。

从图 6-5 可以看出，"'SECI 模型'个人知识转化创新应用模式"并非建立一个简单的循环模式，其展示的是一个可持续更新迭代、呈螺旋上升态势的知识创造过程。

从拓展个人知识面的角度看，其可以理解为社会化（S），即个人从各渠道获取能引发共鸣、能为己所用的知识，通过持续学习、转化知识，提升个人能力，让"当下不自信的我"成长为"未来充满自信的我"。

从个人给社会提供知识的角度看，可以理解为外显化（E），我面向大众分享所思所想，人们从分享中获益，相当于将我的私人知识转化为能给他人带去价值的社会知识。

从知识迭代创新的角度看，可以理解为组合化（C），通过观察大众对我的作品反馈，保留精华、整改缺陷，持续完善面向大众发布的作品，相当于利用大众反馈实现作品质量升级。

从强化知识掌控能力的角度看，可以理解为内隐化（I），作品发布后，大众对自己提出更高期待，自己深感务必继续加深对知识的理解和对技能的练习，才能应对新的挑战，在问题的驱动下实现精进。

知识创作具有典型的非线性特征，这并非坏处。非线性的特点是可以根据你的想法随意重新组合知识，让你在使用知识的过程中创造更多可能。当然，你要创作出受大众喜爱的知识作品，也不能由着自己的性子随意拼凑知识。在创作中应用海绵式思维和淘金式思维（见图6-6），可以帮助我们提升创作效率和作品的传播率。

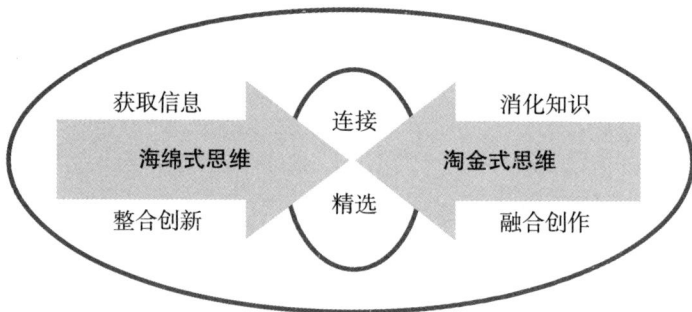

图6-6　海绵式思维和淘金式思维

海绵式思维源于海绵可以充分吸收水分的特性，任何一项创作活动都需要从外部世界获取大量信息，作为原始素材。运用海绵式思维获取信息，强调获取知识的数量而非质量，要摒弃怀疑，以相信原作者的心态全盘接受其提供的信息。这样做的好处是减轻大脑的思考负担，节省对信息进行甄别的时间。

淘金式思维源于用"水选法"去淘取金子的活动，其特点是把从江河湖海里开采的泥沙洗涤干净，从中挑选出天然金沙。只要想象一下这一画面，就知道非常不易。运用淘金式思维获取信息，必须树立批判性思维，保持去伪存真、去糟粕而留精华的心态，对知识信息进行深入理解消化，然后再考虑是否将其纳为创作素材。

从这两种思维方式中，我总结了两种创作方式。第一种是利用海绵式思维获取信息，然后对信息进行分类整理，在创作时加入自己的理解，对信息进行整合创新，以"先完成，再完美"的态度完成作品；第二种是利用淘金式思维，在深入理解消化知识的基础上，以提问、实践、论证的方式去验证知识的正确性，最后从中挑选价值度高、有市场需求的知识点进行创作，在创作中必须融合各方观点，尤其是要融入个人独特见解，形成特色鲜明的原创作品。

海绵式思维和淘金式思维各有优势，在实际应用中可以形成互补关系。我们通常可以利用海绵式思维大量获取信息，解决"手中无粮"的问题，再快速整合出"初稿"，解决"开枪没有标靶"的问题，最后利用淘金式思维消化知识，对"初稿"进行修改打磨，创作令人称赞的精品。

当然，成为优秀的知识传播者，仅仅拥有作品还不够。也许你的作品很有价值，但要想在分享中获得认同，还需要增强作品本身的表现力和你分享作品的表现力。艾伦·范恩（Alan Fine）和丽贝卡·R.梅里尔（Rebecca R. Merrill）在合著的《潜力量：GROW 教练模型帮你激发潜能》一书中称，最好的表现＝知识＋能力－干扰。还提出了一个表现模型 K3F，即知识（knowledge，K）、信念（faith，F）、热情（fire，F）和专注（focus，F）。运用这个模型，可以有效提升知识分享表现力，如图 6-7 所示。

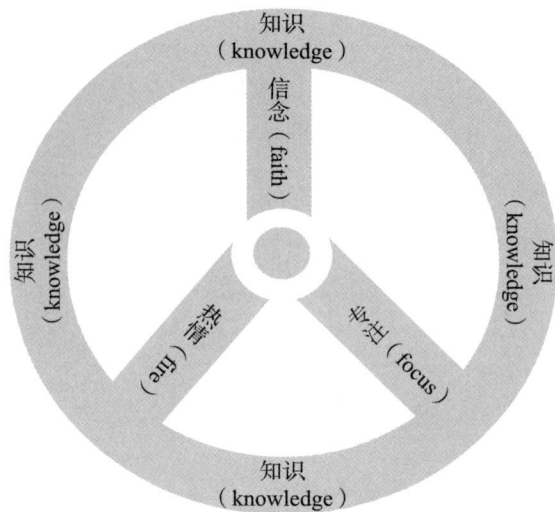

图 6-7　应用"K3F 模型"提升知识分享表现力

"K3F 模型"就像一个车轮，知识为车轮的外胎，表示分享知识要接地气，才能把握住分享的节奏；信念、热情、专注是车轮的三根内轴，共同组成一个支撑外胎的轮毂，确保分享稳稳地向前推进。

知识，是基石。作为一名知识分享者，必须对分享的每一个知识点都了然于胸。既然要当众做分享，就要提前精心准备逐字稿和配套的辅助手段（如制作精美的幻灯片），设计恰当的案例、故事和分享节奏。经常有书友和我讲不敢当众分享的原因："我的普通话不好！""我的文笔不好！""我长得不好看！""我说话口吃！"……其实这些都不是影响分享的关键因素，重点是要有足够的知识储备。我相信，任何一个人在谈论自己擅长的事情时，都可以做到侃侃而谈。

信念，是指你要坚定分享知识的决心。知识传播者的使命就是做好每一次分享。坚定信念不能仅是在分享知识时才具备的状态，你平时就要以知识传播者自居，每学到一个知识点、一项小技能，就要想一想如何制作一个小课教会他人。

热情，是指你要有一颗乐于传道授业解惑的心思，这份心思要如熊熊烈火一样炽热。因为只有热衷于分享知识，你才能体会到分享的快乐，才愿意花时间、花心思、花精力持续分享。因此，我们要时刻提醒自己，把教会他人当作一种价值追求，视为一件能给自己带来成就感的事情。事实上，如果你真的能教会他人，自己也一定会在教的过程中受益。有了分享的热情，你就会明显感觉自己多了一份使命感，它会鞭策你去主动学习，主动解决一些原本不敢碰的难题，从而实现越分享越有激情。

专注，是指要围绕如何做好每一次分享、讲透每一个知识点去做深度研究。作为知识传播者，对自身的要求必须维持一个高于普通听众的标准，要不然怎么是你分享赚钱，而他们花钱听你讲呢？所以，既然选择了做知识分享，就要展现出自己的专业素养，永存一颗好奇之心，认真研究专业知识、探索更有利于受众理解的表达方式。

分享知识是使用知识的一种重要方式，也是经营知识、转化知识价值的重要途径。我喜欢和传播知识的人做朋友，而且我固执地认为每一个热爱分享的人品德都不会差。我想，只要你坚持分享，就一定能在知识变现领域得到丰厚的回报。当然，你必须坚持分享并创造出属于自己的成果。概而言之，你应有3种能力：一要有超强的行动力，二要有具体的成绩（作品），三要敢于把梦想变成现实。

互联网时代给普通人分享知识带来了前所未有的机会，在自媒体平台注册账号（ID）的那一刻起，就着手打造个人品牌（IP），把ID升级为IP，而有的人却迟迟不行动，天天喊着要打造个人品牌，甚至为此还报了训练营。但是，多年过去，却连一篇像样的作品都没有发布过。当初梦想中的个人 IP，依然是一个 ID，还成天担心忘记登录密码。

在数字化时代，每一个看客都有一个 ID，但并非每一个 ID 都只是看客，他们还会给他人带去精彩的分享。如果你不想只做看客，就去做一场知识分享吧！没有谁生来就是关键意见领袖（KOL）[①]，只是分享得多了，得到了大众的信任。

---

① 关键意见领袖（key opinion leader，KOL），营销学概念，通常被定义为拥有更多、更准确的产品信息，且为相关群体所接受或信任、对该群体的购买行为有较大影响的人。——编者注

第七章

知识网格化实操案例

快速入门 4 大知识管理软件

————————

当前，市场上可用于知识管理的软件层出不穷，各有千秋。我的观点是，软件只是一个工具，选择哪款软件管理知识并不重要，重要的是自己内心要清楚为什么用 A 软件而不用 B 软件。

我在写书的过程中，听到一位书友说："我花 3 个月研究了某笔记软件，原本是想用这款软件提升写作效率，结果 3 个月下来，软件里空空如也，居然一篇原创文章也没写，我的时间就这样浪费在研究如何使用软件上了……"

我曾经也是一名"工具控"，成天把"工欲善其事，必先利其器"挂在嘴边，在尝试了各种知识管理工具后，我才发现自己对这句话有误解。事实上，当你"磨刀"时，应该先想好去哪里"砍柴"，否则"磨刀"真的会"误了砍柴工"。

当然，我并不否认知识管理软件带来的便利，只是想强调不要把太多的时间花在研究如何使用这些软件上，结合自己的核心需求去选择一款软件并长期坚持使用就好。[①]

事实上，只要深刻理解知识网格化管理理念，任何一款文档编辑工具，均可为高效构建个人知识网络提供支撑，甚至不用任何数字化工具，也不影响你使用知识网格化管理方法打造智慧外脑，洞见知识的价值。

————————————————

① 本书中提及的知识管理软件工具，因作者个人擅长，而选择作为示范知识网格化管理实践场景之用，并非推荐产品。下文中提及的软件和案例，并无对应关系，为方便示范不同软件功能及操作界面，方采取一个案例选用一款软件的方式。——编者注

第一节 知识网格化管理的层级结构

一张图让你秒懂管理知识的底层架构

知识网格化管理从小到大、从低到高、从点到面，可区分为知识网格、知识系统、知识子网、知识网络的层级关系。通常要结合软件特色，建立统一的元知识管理网格，或按层级创建管理下级元知识管理网格，如图 7-1 所示。

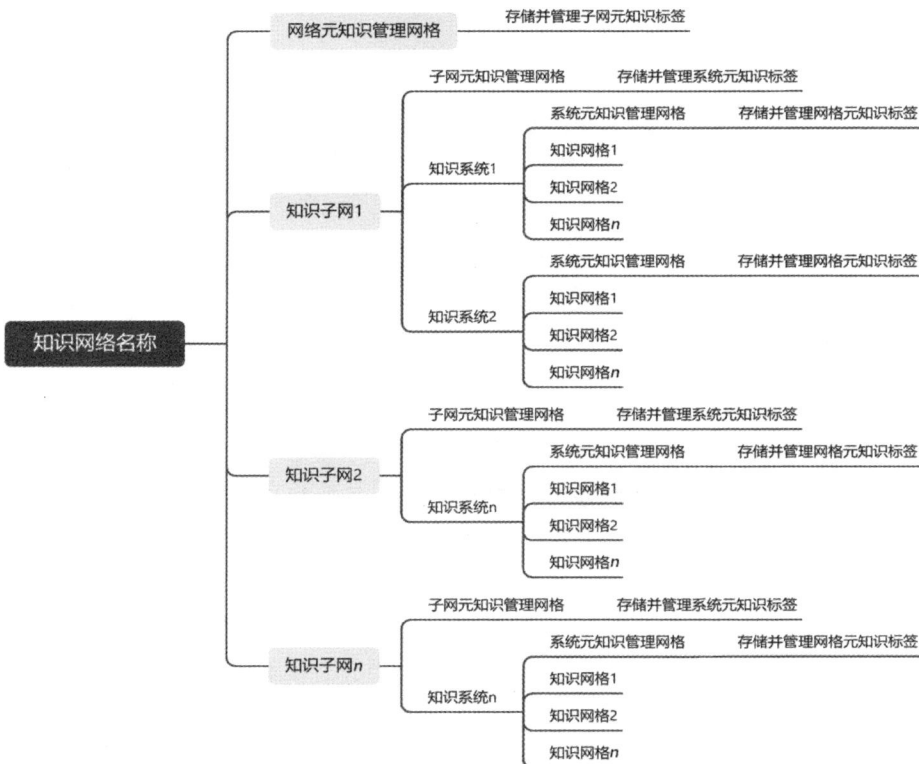

图 7-1 知识网格化管理层级结构

知识网格化的管理核心是网格，所有操作均基于网格操作。在利用软件工具管理知识网格化层级结构时，主要包括3步。第一步，新建网络级元知识管理网格（网格即文档，在具体软件操作中，有的软件是新建笔记，有的软件是新建文档，可视实际情况而定），在网络级元知识管理网格中，输入各子网元知识标签，部分软件中，网格标题也可视为元知识标签；第二步，新建子网级元知识管理网格，输入系统元知识标签；第三步，新建系统级元知识网格，输入知识网格元知识标签。

第二节　用 Obsidian 搭建知识网络框架

轻松创建第一条知识网格化笔记

1. Obsidian 简要介绍

Obsidian 采用 markdown 文档编辑器，提供强大的笔记链接功能，支持单向链接、反向链接和双向链接，可以自由地链接文档、文本内容块。它拥有丰富的插件，例如阅读 PDF 文档时随手标记、标记视频播放时间（在观看视频课程时，你觉得某一段很重要，就标记一个"时间戳"，Obsidian 自动生成链接，复习时只要点一下链接，就从标记处开始播放）、自动整合文档中的标题及列表生成思维导图。该软件采用本地存储策略，所有的文档都存储在用户的硬盘中，无须账号、无须登录。

我个人最喜欢的是它的窗口分屏功能，可以同时打开多个文档窗口。我经常在写作中使用这个功能，例如自定义左边为写作窗口，右边为资料显示窗口，查找素材无须切换窗口，需要什么素材，直接点击对应文档的链接，在右边打开即可。

2. 如何获取 Obsidian

登录 Obsidian 官方网站，可以下载安装程序，安装时可以选择简体中文，或者在完成安装后，在软件的左下方点击"设置"图标（settings）→ About → Language，选择"简体中文"后，点击 Relaunch 重启软件，即可切换为中文版，如图 7–2 所示。

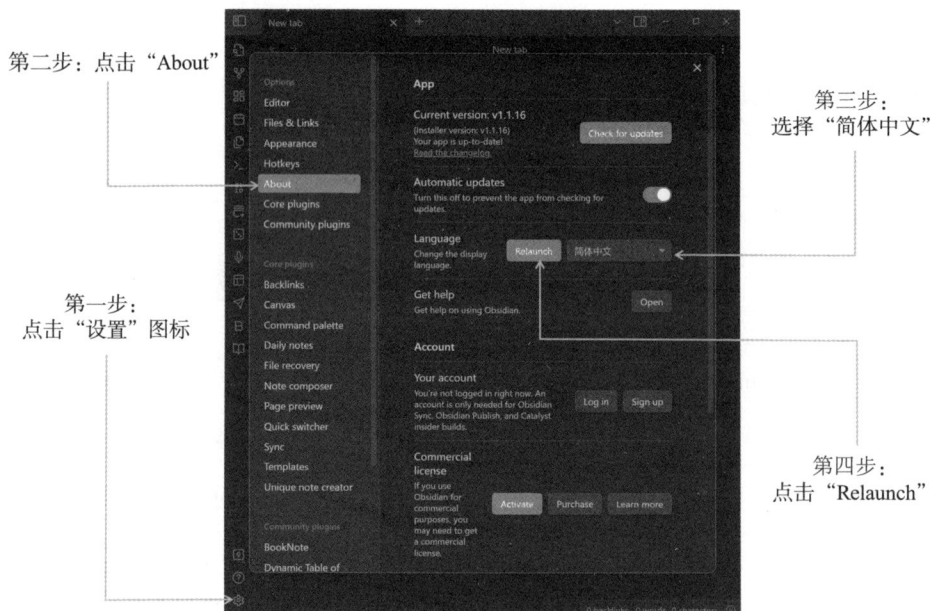

第二步：点击 "About"

第三步：
选择 "简体中文"

第一步：
点击 "设置" 图标

第四步：
点击 "Relaunch"

图 7-2　设置 Obsidian 为中文界面

3. Obsidian 标签格式

Obsidian 的标签格式均为：# 一级标签名（"#" 后无空格），# 一级标签名 / 二级标签名（"/" 后无空格），通常最多设置 5 级标签。

4. 使用 Obsidian 创建知识链接

Obsidian 提供单向链接（出链）、反向链接（入链）、双向链接功能，在 Obsidian 中创建知识链接，只要输入 "[["，然后输入另一个知识网格的标题，即可创建知识网格之间的链接，如果输入的网格标题不存在，在输入完毕后，只要单击一下，Obsidian 就会自动创建一个新文档，格式为：[[知识网格标题]]，如图 7-3 所示。

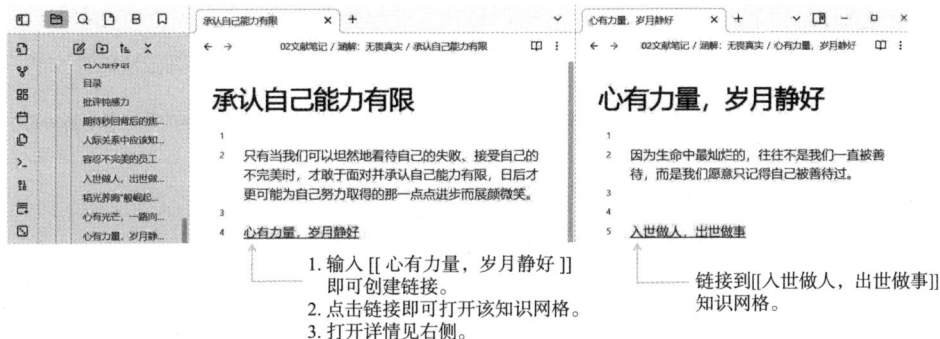

图 7-3 用 Obsidian 创建知识链接

如果你输入的知识网格标题并不存在于你的知识网络中，Obsidian 还可以为你新建一个文档。因此，我经常使用这种方式新建"知识网格"，只要在设置"设置"的"文件与连接"中，把"新建笔记的存放位置"改成"当前文件所在的文件夹"，Obsidian 会默认把新建的"知识网格"与当前打开的知识网格存放在同一个"知识系统"目录下，实现知识网格的自动分类管理。

Obsidian 的功能非常强大，由于本书并不以介绍软件为主，更多功能不再赘述，感兴趣的朋友可以使用 Obsidian 的帮助功能，进入官方帮助网站查看相关介绍。

5. 使用 Obsidian 创建元知识管理目录

首先，打开 Obsidian 软件，点击"打开其他仓库"图标，在弹出的窗口中点击创建，新建一个仓库，作为"知识网络"，如图 7-4 所示。

其次，搭建知识网格化管理框架，如图 7-5 所示。

最后，结合个人成长计划，在"元知识标签体系"知识网格中添加提前规划好的元知识标签，完成元知识标签目录创建。

第一步：点击"打开   第二步：在弹出窗口中   第三步：在弹出窗口中
其他仓库"图标   点击"创建"按钮   输入"知识网络名称"

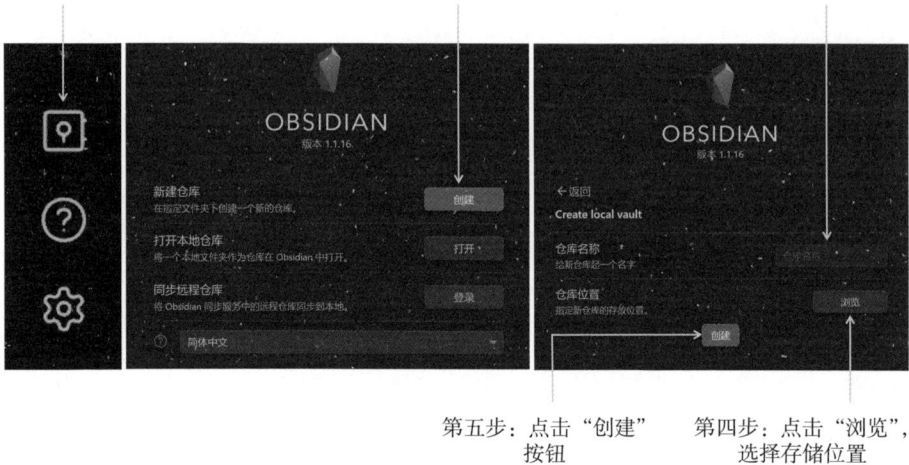

第五步：点击"创建"   第四步：点击"浏览"，
按钮   选择存储位置

图 7-4   新建一个 Obsidian 本地仓库

第一步：新建知识   第三步：建立知识   第四步：建立知识   第五步：建立知识   第六步：建立知识
子网文件夹   网络级元知识管理   子网级元知识管理   系统级元知识管理   点知识网格，录入
                    网格   网格   网格   知识信息

第二步：新建知识系统文件夹

图 7-5   用 Obsidian 搭建的知识网格化管理框架示范

第三节　用 flomo 打造职场知识圈

"见感思行"思维框架，沉淀随写记录

1. flomo 简要介绍

flomo 是一款轻量化、重思考的记录软件，创始人刘少楠老师常说一句话："持续不断记录，意义自然浮现。"他认为，做记录、写读书笔记并不只是为了写作，而是在知识体系中增加新的知识块和知识连接，从而帮助自己做出更好的决策。这个观点与知识网格化"以思考为旋涡"的理念不谋而合。

flomo 强调知识的自然生长，支持手机 App、微信公众号、网页等多端记录且内容实时同步，从真正意义上实现了随时随地记录想法，确保我们的每一个灵感都不被怠慢。flomo 提供多层标签系统、双向链接等功能，帮助连接不同的知识网格，实现了基于思考的连接。

我把微信读书、得到等 App 上的读书笔记录入 flomo，然后利用 flomo 的批注功能写想法，同时记录日常思考，坚持大约半年后，这些碎片化的思考记录累积在一起，成了我个人知识体系中最精华、最宝贵的财富。我用这些碎片化记录开发了 3 门微课，而且大家正在阅读的这本书的大部分内容也来自我在 flomo 中记录的想法。

2. 如何获取 flomo

你可以登录 flomo 官方网站，进入账号注册界面，登录账号后即可进入flomo 的操作界面（见图 7-6）。

图 7-6   flomo 网页端操作界面

你也可以在手机应用商店输入 flomo，下载安装手机 App，首次登录需要注册账号，建议 flomo 账号和微信绑定或直接使用微信登录。

你还可以关注 flomo 的公众号"flomo 浮墨笔记"，在公众号底部录入你的想法，点击"发送"后，录入的想法便会保存并同步到你的 flomo 记录空间，在手机 App 端和电脑网页端都可以看到记录的信息，如图 7-7所示。

flomo公众号端记录想法 | flomo手机App端记录想法

在这里录入你的想法和标签，写完后点一下绿色按钮。

在这里录入你的想法，记得加标签哦!

你以前写的想法，显示在这里呢!

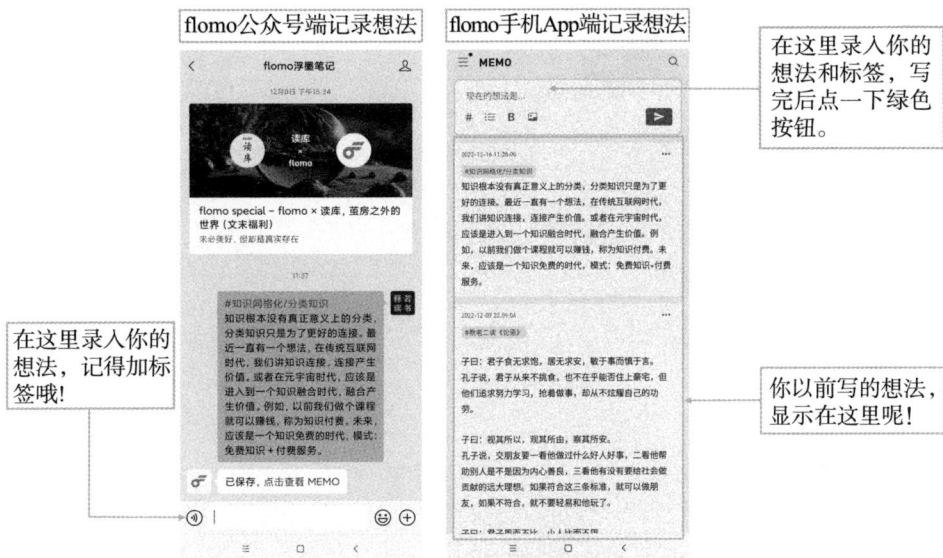

图 7-7 flomo 手机端操作界面

3. flomo 的标签格式

目前，flomo 最多可以设置六级标签。格式为：# 标签名称（# 后面不要空格），设置多级标签时，在上一级标签名称后输入"/"，例如：# 父标签 / 子标签 / 孙标签……关于 flomo 标签设置，创始人刘少楠认为，标签生来不平等，因此 flomo 提出了"I.A.P.R"标签理念，图 7-8 是刘少楠老师以"一张卡片开始积累知识复利"为主题做分享时对"I.A.P.R"的解释。

"I"是收件箱（inbox），收集的是书中所讲的"随机知识"，通常把一些随时记录的灵感和想法，打上"#inbox"标签，然后每天安排一个固定的时间整理，再给它们打上更有意义的标签。

"A"是领域（area），在 flomo 中将知识按领域分成大类，直接隶属于 Area 的标签类知识网格化理念中的知识子网，被归属到"Area"下的知识，

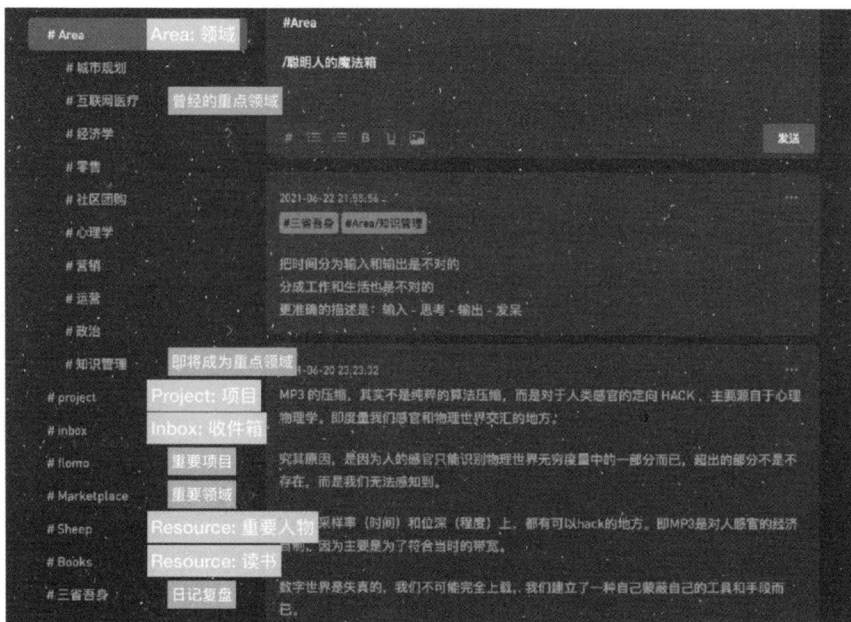

图 7-8 flomo 创始人刘少楠解释 "I.A.P.R" 标签理念

可以视为本书中所讲的"软永久知识"，即虽然目前未使用，但必定会在特定场景中使用的知识。

"P"是项目（project），对知识实施项目化管理，是一种特别好的方式。我在做知识管理时，发现一旦将知识放入一个特定的项目，使用它的频率就会增加，这样更有可能让知识价值最大化。归属到 Project 中的知识，本书定义为"交换知识"，即正在使用的知识。

"R"是资源（resource），我一般会把那些随时可能用到、可以带来长期价值、具有很强的通用性、不好强划归于某个特定领域之下的知识，视为一种重要资源，作为永久知识保存下来。

4. 使用 flomo 创建知识链接

flomo 充分展现了连接知识的威力。在 flomo 中，不能排版，限制字数，控制图片数量，但这个设计恰是 flomo 的经典之处，与互联网时代的连接思维不谋而合。近几年来，人们明显感觉到一切都在碎片化，微课堂、短视频、微服务、小程序等都是碎片化的具体形式。同时，它们又通过连接形成一个完整的体系。

真正能让知识发挥体系优势的并非把它们放到同一个文档中，而是让它们之间发生连接。就像在宇宙大爆炸之前，世界处于混沌状态，所有物质和能量都包裹在一元空间内，似乎什么都有又似乎什么都没有。反而是在宇宙大爆炸之后，形成了多元世界，万物得以蓬勃生长，一切变得清晰而有活力，个体独立又相互联系，以连接的方式形成既互惠又互斥的自然生态。正因为这种既互惠又互斥的关系，才让世间万物得以繁衍、生生不息。

不要试图把所有知识放到同一个文档中，用知识网格化理念，每个文档只记录一个知识点，在形式上赋予单个知识点足够的思考空间，让知识得以更加清晰地呈现，充分展现每个知识点的活力。不用担心这种方式会人为制造知识壁垒，基于需求的知识连接会形成一个充满智慧的价值共生体系。存储在 flomo 中的每一条记录，都可以自由创建链接，如图 7-9 所示。

图 7-9 是我本人的职场知识管理标签体系，"专业知识、通用知识、复盘总结、要事日志、重要项目、随机记录"属于同一个层级的标签，"专业知识"是"岗位技能、数据分析、运营、文案写作、创意与创新"的父标签，"通用知识"是"时间管理、沟通汇报、减压技巧、团队协作、人际关系"的父标签，但是处于不同层次、不同分类中的标签可以自由创建链接。

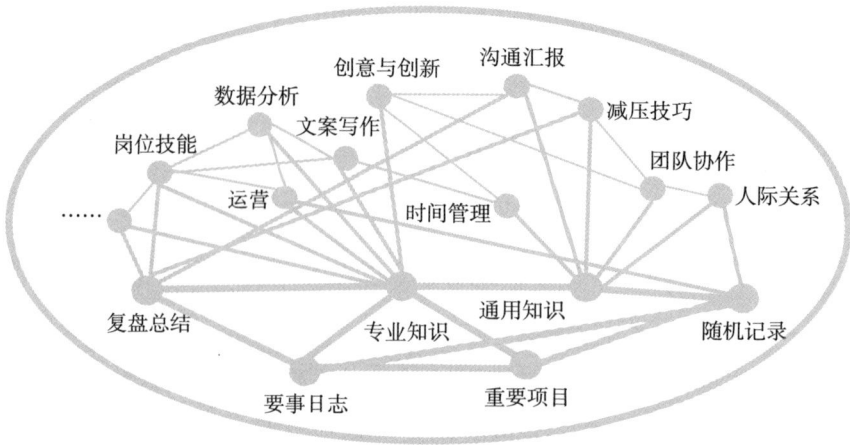

图 7-9　flomo 知识链接示意图

在 flomo 中有 3 种创建链接的方式，一是用批注功能创建链接；二是用"复制链接"功能创建链接；三是用"@"符号创建链接（目前该功能仅限 PRO 用户使用）。图 7-10 展示了用 flomo 创建链接的步骤。

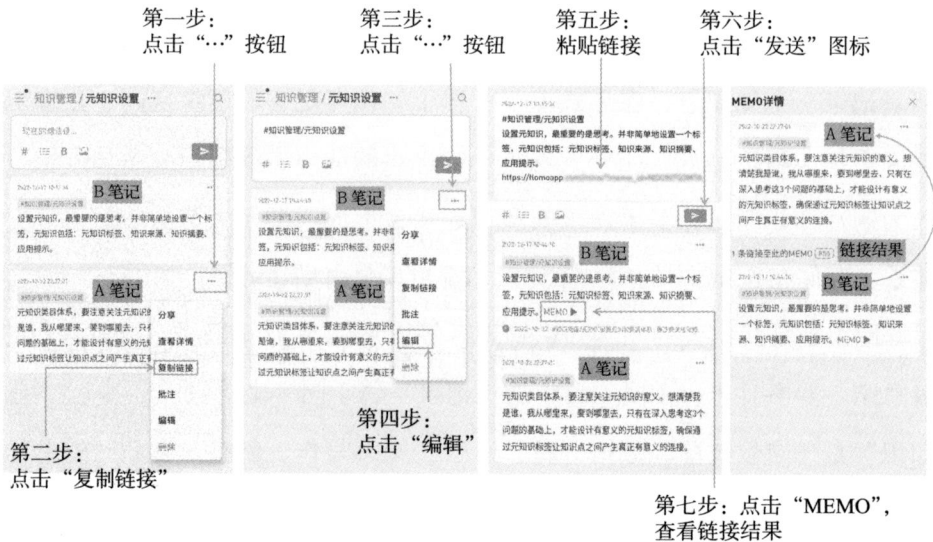

图 7-10　用 flomo 创建链接的步骤

图 7-10 想表达的意思是，无论你如何搭建知识结构，知识点之间都可以跨结构以一对一、一对多、多对多的形式链接。在这里，截图仅示范了使用 flomo 的"复制链接"功能创建笔记链接，对更多功能感兴趣的朋友，可以查看 flomo 的操作文档。图 7-10 所示是用 B 笔记创建链接，连接到 A 笔记，分为 7 个步骤。

第一步：选择 A 笔记，点击"…"。

第二步：在弹出的下拉菜单中选择"复制链接"。

第三步：选择 B 笔记，点击"…"。

第四步：在弹出的下拉菜单中选择"编辑"。

第五步：编辑 B 笔记，粘贴链接。

第六步：在 B 笔记中完成粘贴链接操作后，点击" ▶ "图标。

第七步：选择 B 笔记，点击"MEMO"，可以查看链接结果。

5. 使用 flomo 沉淀职业知识

每个岗位都有鲜明的升职通道。就算是建筑工地上的小工，一旦有了职业发展规划、学会了沉淀职业知识，也能提升工作的热情，前途更加光明。我上中学时，在建筑工地认识的老张，便是这样一个人。

当时他已经 40 多岁了，跟着一个 20 来岁的年轻小伙学习贴瓷砖、粉墙技术。在旁人看来，他这个年纪，当学徒纯属瞎折腾，时不时还有人带着轻蔑的口吻叫他"张师傅"。但他不在意旁人的眼光，他为自己做好了规划：一年时间当学徒，三年后成为师傅，五年后当包工头。他还拿出放在床头的一个本子给我看，上面密密麻麻地写着他的发展计划，每日工作反思，贴瓷砖和粉墙心得……连每天认识了什么人、说了什么话、他对这个人的看法、以后可以求谁办什么事都记在本子里。他认真的样子真的是惊呆了我。十年之后，我们在长沙西站偶遇，他已经在长沙开了一家装修公司。

我参加工作后也经常写工作笔记，那些看似有一搭没一搭的记录，总能在关键时刻帮助我解决工作难题。所以，当我遇到 flomo 后，最初的想法就是用它来写工作笔记，记录在职场中的点点滴滴。因为职场上有太多零碎又非常重要的经验值得记录。

我们在做职场知识管理时，通常是以当前岗位工作职责为基础，统筹个人职业发展规划，设计职场知识体系。我在 flomo 中把职场知识分为通用知识、专业知识、重要项目、要事日志、复盘总结、随机记录，共 5 大类，它们之间是连接共通关系，如图 7-11 所示。

图 7-11　释若的 flomo 职场知识标签局部展示

从图 7-11 可以看出，我们可以结合分类需求，在任意知识类别下方添加知识子类。当然，分类不是最重要的，重要的是你在 flomo 中写了什么，而不是从某处摘抄一些自己都无法理解的信息。如果把 flomo 当成一个信息回收站，永远也无法实现真正意义上的沉淀。我始终坚信，只有自己动手写的东西，才会被大脑重视。自己用键盘把文字敲出来，就一定会在未来的某一刻获得知识的回报。在图 7-11 中，我写的关于"沟通"的文字，曾多次帮助我在人际关系中缓解紧张气氛，并在原本剑拔弩张的情况下瞬间停止争吵，获得他人帮助。

在这里，我推荐一个写职场记录的模板。在我看来，用 flomo 沉淀知识，一切皆可记录，如果非要给记录提一个要求，每条记录的质量都可以用"见、感、思、行"4 个字去衡量。这是一个非常实用的思维框架，我们可以基于这个框架，采取自问自答的方式写下自己的思考。

" 见感思行 "思维框架

见：描述你干了什么或看到了什么。

感：你的态度和观点是什么？举例说明为什么你是对的，是你有权威人士背书吗？是你或身边的人有处理这种问题的经历吗？

思：对这件事情、这个方法、这个问题，你有哪些延伸思考或感悟？

行：下一步我可以做什么？怎么做？

"罗马不是一天建成的。"当你开始用 flomo 去记录，不要求多，也不要

求快，更不要追求文采，因为你在 flomo 中的记录，是给自己看的，最重要的事情是温暖自己。

只要保持思考的习惯，哪怕每天只写 50 个字，或者只是在结束一天工作时，用 flomo 写一句感恩的话，生成图片卡转发到朋友圈，你就可能会让领导、同事、客户另眼相看。

这并非无稽之谈。我有一位好友是一家养生机构的咨询师，他每天晚上 21 点都会在朋友圈发一张用 flomo 生成的知识卡片，每张卡片都只有短短的 20 来个字，有时是一条健康小提醒，有时是一个养生小技巧，我每晚都要看他在朋友圈发布了什么内容。后来，我主动购买了他的咨询服务。仔细想想，其实我也不需要咨询什么问题，只是不想错过一个坚持做事的朋友，便以购买服务的方式去接近他。

第四节　用思源笔记实现快速写作

用好"七步成文法"快速成文

1. 思源笔记简要介绍

思源笔记是一个完全开源的知识管理系统，其核心概念是内容块，从知识存储结构看，与本书中提出的知识网格化理念有异曲同工之妙。知识网格化的管理核心是"知识网格"，思源笔记以"笔记本→页→内容块"的层级搭建知识管理结构，对应"子网→系统→网格"知识管理框架。思源笔记的操作界面和功能与 Obsidian 相近，支持窗口分屏，链接和块级引用，自动生成文档关系图、全局关系图。我第一次使用思源笔记时，还产生了一点点小误会，总觉得它是一款国产的 Obsidian。使用一段时间后，我发现对想花时间研究插件的人来说，思源笔记更加友好，它降低了使用难度。

2. 如何获取思源笔记

登录思源笔记官网，下载安装程序，在安装完成后，即可进入操作界面，在正式使用之前，从存储安全角度考虑，建议修改笔记保存目录，使其与软件安装目录不在同一个存储位置，操作步骤如图 7-12 所示。

第一步：点击右上角的"设置"图标。

第二步：在弹出的窗口中点击"关于"。

第三步：找到"空间工作目录"，点击右边下拉框的"∨"。

第四步：在下拉菜单中选择"修改目录"，在弹出的窗口中选择存储位置，点击"确定"。

第一步：点击"设置"图标　　　第三步：点击"向下的小三角"

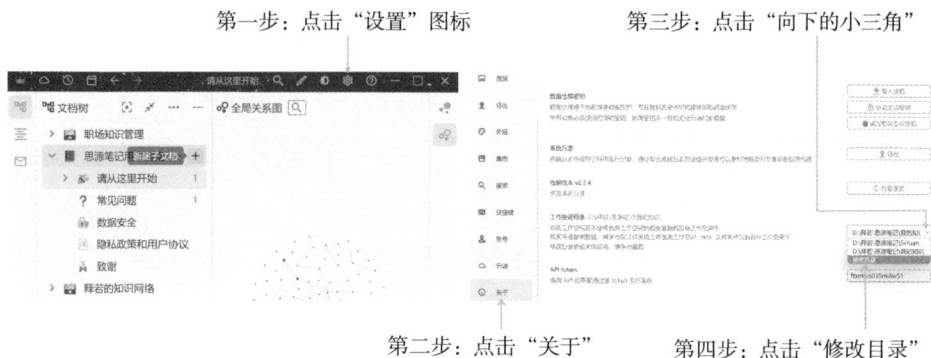

第二步：点击"关于"　　　第四步：点击"修改目录"

图 7-12　思源笔记保存目录配置

在思源笔记中建立知识网格化管理结构，可以参考上文 Obsidian 中的操作模式，唯一不同的是思源笔记中没有"文件夹"层级，但可以使用"文档"进行分层。

我推荐两种实现知识网格化管理的方式：一是新建一个笔记本，视作知识网络，在下方以建立嵌套文档的方式搭建"知识子网→知识系统→知识网格"的框架结构；二是只在逻辑上建立虚拟网络层，即知识网络级别不在物理结构上体现出来，新建数个笔记本，一个笔记本视作一个知识子网，从物理上看，每个笔记本都是独立的知识子网，在子网中建立两级文档，分别视为知识系统和知识网格，利用思源笔记跨笔记本（知识子网）链接功能，形成个人知识网络拓扑。以第一种方式为例，操作步骤如图 7-13 所示。

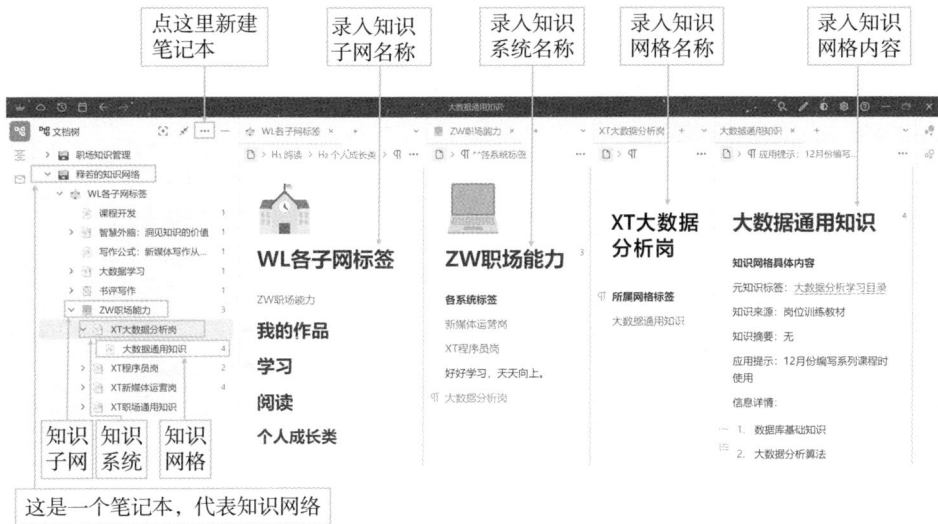

图 7-13 利用思源笔记搭建知识网络框架

3. 标签格式

为内容块打上标签，既是对知识进行分类，也便于内容检索。在这里特别说明一下，其实知识网格并不等同于文档，同一个文档中可以有多个知识网格。不同的知识网格可以用标签来区分，比如在思源笔记中，可以把一个内容块视为一个知识网格。思源笔记中打标签的语法格式是：# 标签名称 #。我们可以区分标签层级，对内容块进行分类整理，不同层级之间使用"/"分隔，目前共支持六级分层，语法格式为：# 父标签 / 子标签 / 孙标签 /……#

4. 使用思源笔记创建知识链接

在思源笔记中，输入"[["或者"(("即可以创建一个新文档，语法格式为：[[文档名称，或者 ((文档名称。无须注意中英文状态，例如：[[文档名称，也可以成功创建新文档。新文档创建后，会自动与当前文档建立链接。如果新文档名称已经存在，则不会创建新文档，但会与当前文档创建链接，如图 7-14 所示。

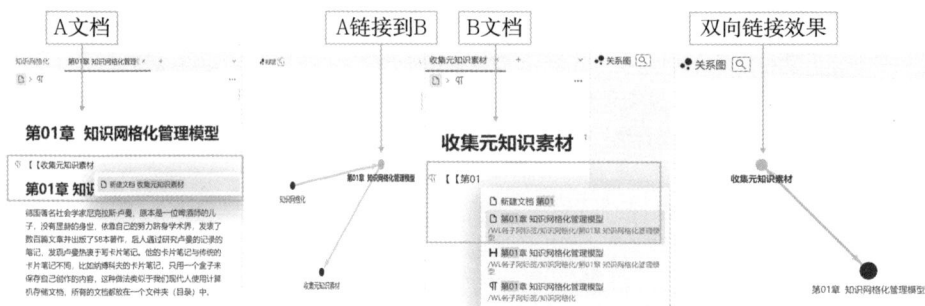

图 7-14　思源笔记新建文档及创建链接示范

从图 7-14 可以看出，在"A 文档"中输入 [[收集元知识素材，按下 Enter 键后，可新建该文档（图中 B 文档），从"关系图"中看出，自动创建了 A 至 B 的单向链接。然后，打开"B 文档"，输入 [[第 01，即可自动弹出一个下拉选项框，选择"A 文档"的名称，按下 Enter 键，则建立了 B 至 A 的单向链接。因之前 A 至 B 也建立了单向链接，此时在 B 文档中查看关系图，可以看到 A 和 B 之间建立了双向链接关系。关于思源笔记更多的操作功能，感兴趣的朋友可以安装思源笔记后，查看帮助文档。

5. 使用思源笔记实现七步成文

写作从来不是在一个空白的屏幕上敲字，这是我读完《卡片笔记写作法：如何实现从阅读到写作》后最深的一个感悟。因为读这本书，我开始思考如何才能利用碎片化时间积累写作素材，实现快速成文的目标。经过反复实践，我探索出"七步成文法"（见图 7-15）。

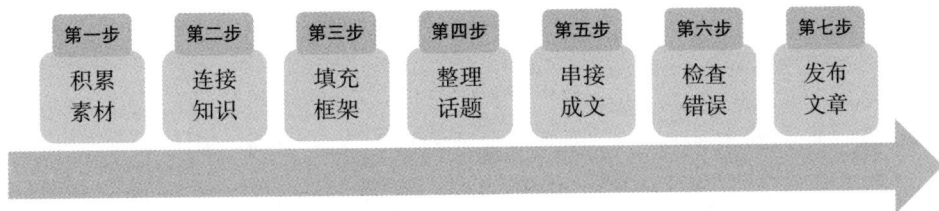

图 7-15 七步成文法

第一步：积累素材。坚持用知识网格化理念写读书笔记、想法和灵感。

第二步：连接知识。利用知识管理软件（如思源笔记、Obsidian、flomo）的链接功能，建立知识连接，为后期整合、串接知识做准备。

第三步：填充框架。确定一个写作主题，搭建写作框架，在软件笔记中新建用于"交换知识"的文档，写出需要用到的素材提示。

第四步：整理话题。逐个论述知识点，把素材写成独立的子话题。

第五步：串接成文。用过渡语、过渡句、过渡段串接知识点，理顺文章的表达逻辑。

第六步：检查错误。写完文章后休息一会儿，朗读全文，必要时可以录音听一听，边听边改，比如把长句改成短句，重新划分段落。

第七步：发布文章。把文章中的金句做成知识卡片，给文章配图，排版，比如统一字号、对齐等。

"七步成文法"最关键的是第一步和第四步，在积累写作素材时，不能简单地收集素材，必须以思考为旋涡，在不断思考中发现新知识、新观点、新思维。而在整理话题时，更要深度思考，以论述的方式进行话题写作。在论述的过程中，我们的脑海里会冒出很多新点子，久而久之，就可以学会用不同的视角看待事物，拥有独立思考的能力，想到别人想不到的观点。

下面，以我写《论证的艺术》一书的书评为例，示范如何用思源笔记实现七步成文。

第一步：积累素材。 在阅读《论证的艺术》一书时，用思源笔记摘录原文、写想法和自己的思考，也可以用 flomo 或其他工具记录，待读完书后再将笔记导入思源笔记中。比如，我用"微信读书""得到"App 阅读电子书时，先在阅读软件中划线、记录想法。如果阅读的是纸质书，就在书上画线、写眉批。无论采取何种方式积累素材，最后都整合到思源笔记中。

第二步：连接知识。 用知识网格化理念整理《论证的艺术》一书的读书笔记并在"阅读与写作类读书笔记"笔记本（我将其定义为一个知识子网）下新建文档，命名为"论证的艺术"（我将其定义为一个知识系统），在其中输入各条读书笔记的标题并创建链接，思源笔记自动创建相应文档，作为存储笔记的知识网格（见图 7-16）。

第三步：填充框架。 重新阅读第二步整理好的读书笔记，汇聚写作思路，搭建写作框架，并把需要用到的素材复制到对应的位置。如果你不想复制，也可以利用思源笔记的链接功能，链接到相应的笔记文档，或者以引用的方式链接笔记中的某个文本块，思源笔记可以自动添加对应的笔记。

至于具体采取何种方式来填充框架，可以根据自己的习惯去操作，我不喜欢在框架中看到太多摘录的文字，所以我采取的是链接到对应笔记文档的方式，这样版面看上去很简洁。想查看相关内容时，只要把光标移到相应的链接上，就可以看到具体内容。我填充的书评写作框架局部展示如图 7-17 所示。

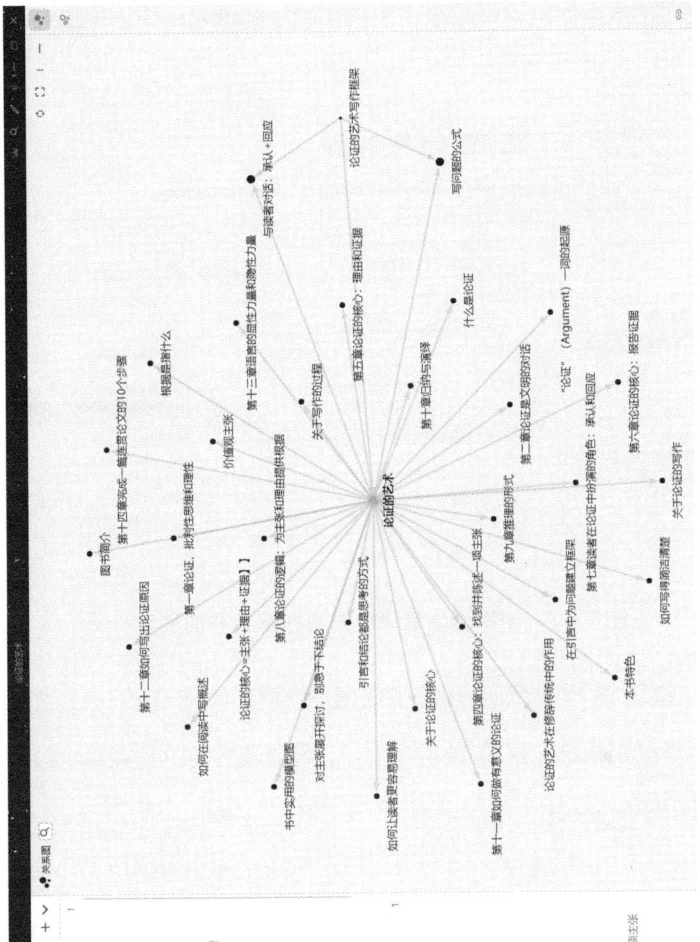

图 7-16　使用思源笔记记录《论证的艺术》笔记局部展示

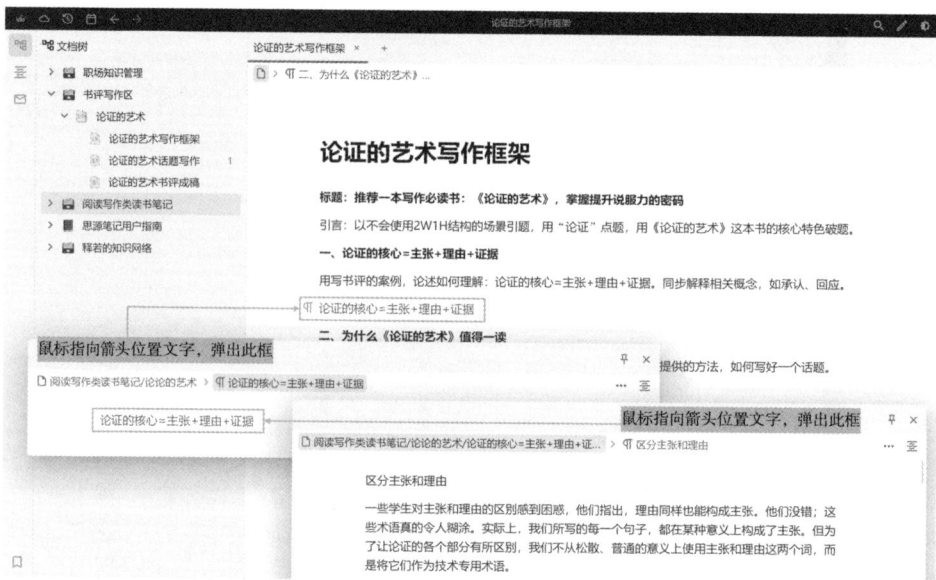

图 7-17　使用思源笔记填充写作框架局部展示

　　第四步：整理话题。依据第三步搭建的框架和挑选的写作素材，将框架中提到的点写成话题。这样做的好处是不必集中时间写作，利用碎片化时间写作也不用担心灵感丢失。

　　我们可以把一个话题看成一篇小短文，只要在空闲时写一个几百字甚至几十字的子话题即可顺利完成。《论证的艺术》的书评，我一共写了 10 多个话题（见图 7-18）。

　　第五步：串接成文。完成第四步的工作后，在思源笔记中新建一个文档，把写好的话题复制到这个文档中，在话题与话题之间插入过渡词、过渡句、过渡段，把话题串接成文。使用思源笔记串接成文时，我一般利用分屏功能同时打开 3 个窗口，如图 7-19 所示。

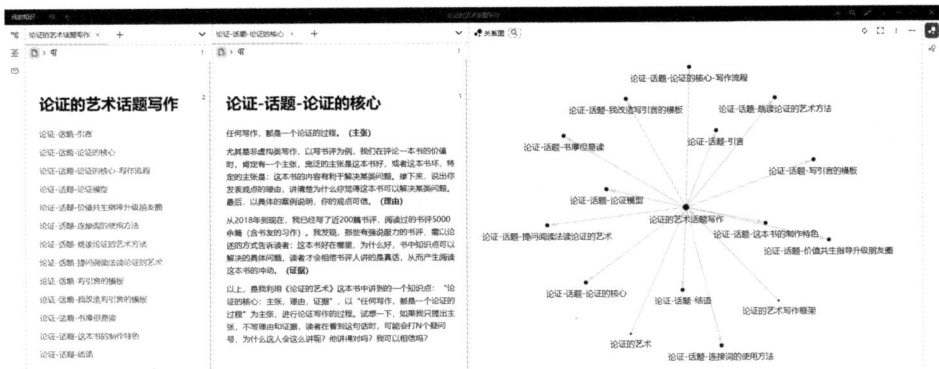

图 7-18　使用思源笔记整理话题局部展示

图 7-19　使用思源笔记串接成文局部展示

左侧为"串接成文"的写作窗口；中间为管理话题元知识的知识网格窗口，需要打开哪个话题，就选择哪个话题，点击鼠标右键，在弹出的下拉选项菜单中点击"在页签右侧打开"，右侧窗口就会显示相应的内容。

第六步：检查错误。重点检查文章的结构、逻辑、错别字、不通顺的词句、重新划分段落等。

第七步：发布文章。完成第六步操作后，即可排版、配图、将文章发布到自媒体平台或发送邮件投稿。我写的《论证的艺术》的书评，在微信公众号、豆瓣、今日头条等平台关注"释若读书"即可查看。

第五节 用 Anki 高效备考通关

制作记忆卡片，开启高效记忆复习计划

1. Anki 简要介绍

Anki 是基于艾宾浩斯遗忘曲线原理开发的一款专注于辅助记忆的知识管理软件，可以根据学习者的记忆需求，输入单词、概念、定义或其他各类知识内容，生成区分正反两面的电子记忆卡片（正面是问题，背面是答案）。这种设计让学习者每次复习时，都先看到问题，进入主动思考模式，完成思考后再翻转卡片查看答案，结合自己的思考与答案进行对比。系统预置了"重来""困难""一般""简单"4 个选项，学习者可以根据自己的情况做出评估。系统会根据学习者的评估及过去的学习情况，预测学习者下次遗忘临界时间点，安排复习计划并及时提醒复习，强化记忆强度。

2. 如何获取 Anki

Anki 支持电脑端、手机端各类主流操作系统及网页端登录，可以实现跨平台同步。由于 Anki 是一款开源且免费的软件，一不小心就会碰到山寨版，如果你有此担心，建议先观看 Anki 中国站长鸿鹄老师在 B 站发布的《Anki 从入门到精通》教学视频。电脑端登录下载客户端安装程序，中文用户可以直接登录官方网站下载软件。需要注意的是，在电脑端安装 Anki 最好不要修改安装路径，有可能会出错。手机端安装 Anki，Mac 版的 Anki 名称是"Anki"，安卓版的应用程序名称为 AnkiDroid，iOS 版 Anki 名称是 AnkiMobile。苹果系列设备可以在 AppStore 中下载软件，安卓用户建议使用手机浏览器登录官方网站下载。

3. 使用 Anki 建立备考学习系统

　　知识网格是知识网格化管理模式的基本单元，Anki 的核心管理单元是记忆卡片。如果你要备考且需要背记大量知识点，Anki 是非常不错的选择。在搭建备考学习系统之前，了解艾宾浩斯遗忘曲线非常重要。遗忘是指无法回忆或不能正确回忆过去的记忆。德国心理学家艾宾浩斯（Ebbinghaus）称，人类大脑的遗忘有规律且进程不均衡，比如背单词，并非今天忘记 5个，明天又忘记 5 个。他在研究中发现，记忆在最初阶段遗忘的速度最快，后面就会逐渐减慢，遗忘遵循先快后慢的规律（见图 7-20）。

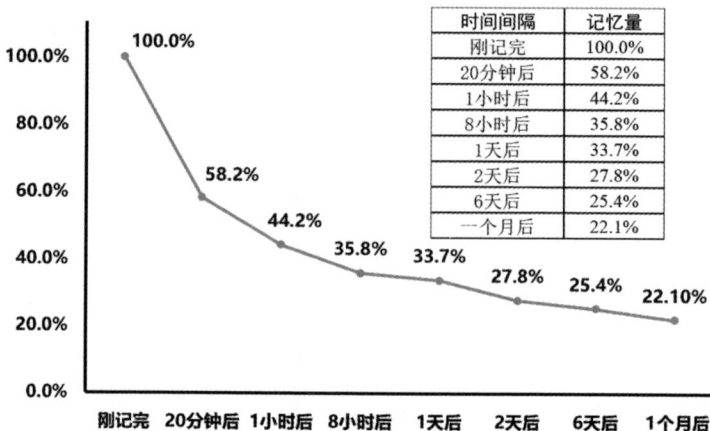

时间间隔	记忆量
刚记完	100.0%
20分钟后	58.2%
1小时后	44.2%
8小时后	35.8%
1天后	33.7%
2天后	27.8%
6天后	25.4%
一个月后	22.1%

图 7-20　艾宾浩斯遗忘曲线

　　在备考中，过度学习是人们常犯的一种错误，主要体现在热衷于集中时间背记很多知识点。我曾经尝试过一天背记 300 个单词，发现也并不是什么难事，因此得意扬扬，制订了"一个月背 10 000 个单词"的计划。结果坚持不到一周，我就崩溃了。在执行"背单词"计划的过程中，我发现自己总是记住新单词，忘记旧单词，忽略了大脑会在"明天遗忘"的常识。

为什么大脑会遗忘已经"背熟"的内容呢？大脑提供了记忆知识的存储空间，但并非所有的记忆都会被永久保存。就如计算机的存储，区分内存和外存，内存直接与计算机中央处理器（CPU）相连，处理数据速度很快，但存储容量小，因此当有新的数据需要处理时，已经处理过的数据就会从内存中删除。硬盘是外存，作为内存的扩充存储器，通常用来存储需要永久保存的数据信息。我们可以把"内存"视为大脑的"临时记忆区"，"外存"视为大脑的"长期记忆区"。

我能在一天内记住 300 个单词，就是启用大脑的"内存"记忆，属于临时记忆，呈现出记得快、忘得也快的特点。遵循艾宾浩斯遗忘曲线的记忆规律，相当于把存储在大脑临时记忆区的信息，转存到大脑的长期记忆区，暂且把这个过程称为"转存记忆"。

根据艾宾浩斯的研究，遗忘存在临界点，因此，实施"转存记忆"的有效方法是承认遗忘临界点的存在，并根据其规律合理设置记忆周期，安排复习时间，提升长期记忆效率（见图 7-21）。

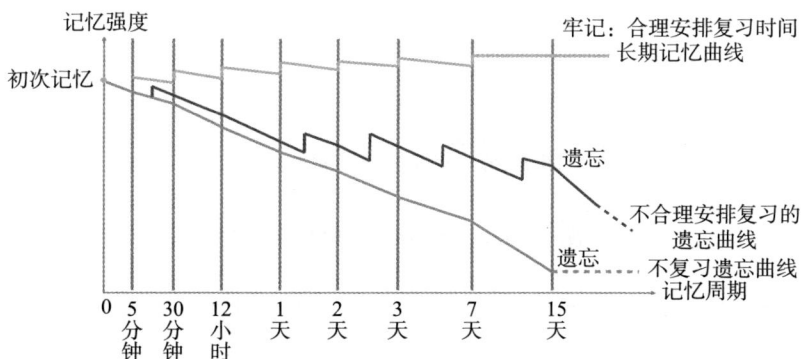

图 7-21　艾宾浩斯遗忘临界点与合理设置记忆周期

从图 7-21 可以看出，在艾宾浩斯遗忘曲线上存在 8 个遗忘临界点。由此，我们可以设置 8 个记忆周期，分别是 5 分钟、30 分钟、12 小时、1 天、2 天、3 天、7 天、15 天，确保实现长期记忆的目标。Anki 的设计初衷就是利用艾宾浩斯遗忘曲线原理提供辅助记忆功能，帮我们省去了自己设计记忆周期的烦恼，给我们提供了基于遗忘临近点的科学记忆方案，便于学习者把更多的时间用于记忆本身，提升记忆效率。

下载安装 Anki 后，软件中是空白的，我们可以自己制作记忆卡片，也可以从 Anki 官网上获取记忆卡片资源，开启你的记忆之旅。下面以 Anki（安卓版）从官网获取记忆库（牌组）为例，示范操作步骤。

首先，打开 Anki 软件，点击"获取共享牌组"，如图 7-22 所示。

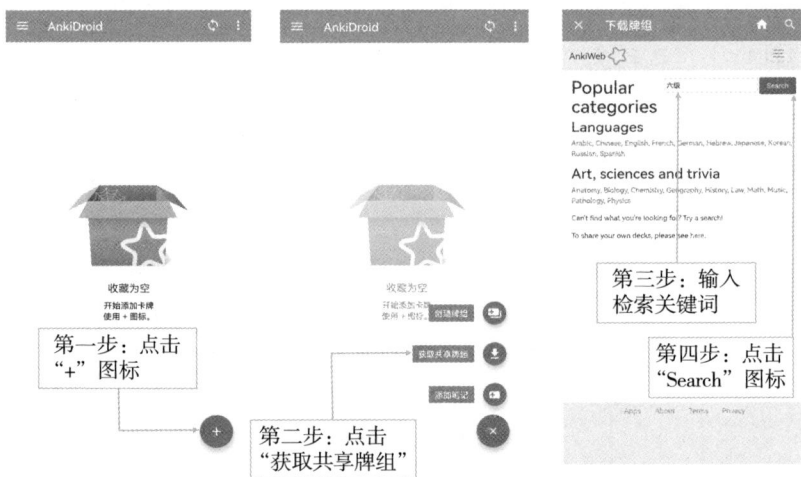

图 7-22　进入 Anki 官网获取牌组

其次，下载并导入牌组。进入下载牌组页面后往下拉，点击"Download"下载，如图 7-23 所示。

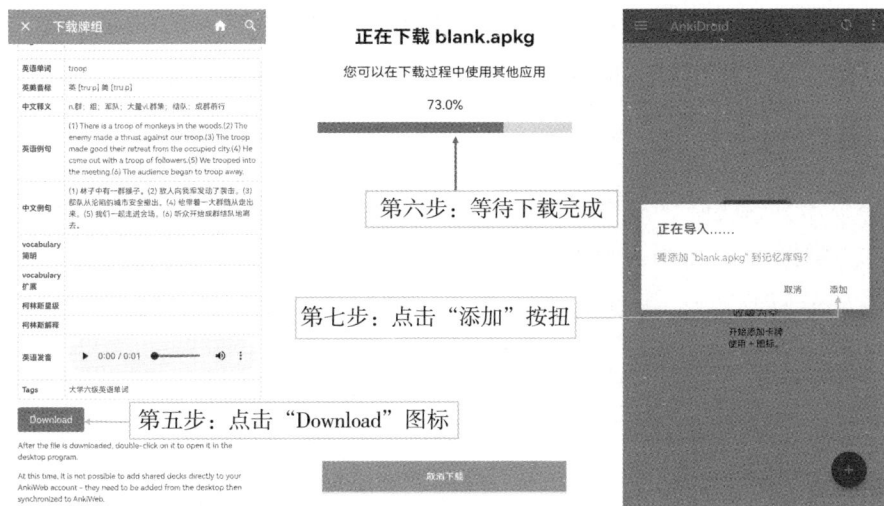

图 7-23　下载并导入牌组

　　最后，开启备考记忆之旅，点击牌组名称进入记忆卡片，如图 7-24 所示。

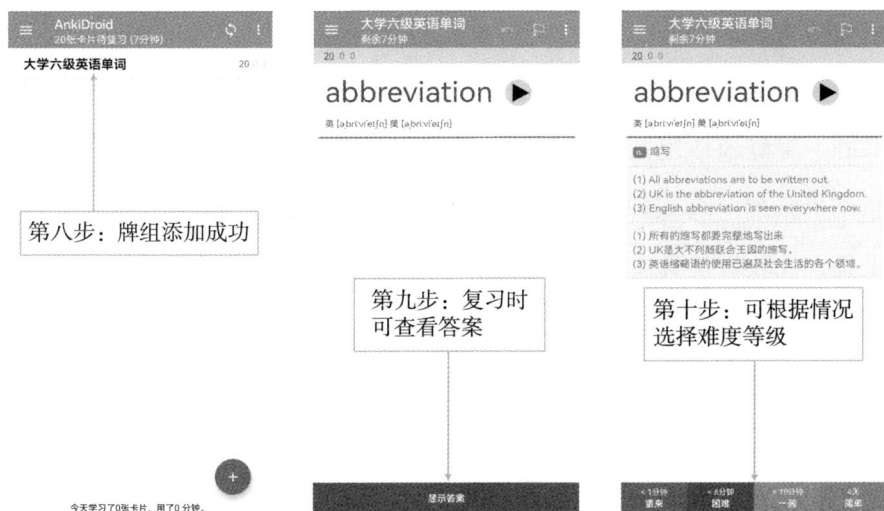

图 7-24　使用 Anki 记忆卡片

此外，我们还可以从互联网上下载热心网友分享的 Anki 记忆卡片。不过我还是建议使用官方提供的模板，自己制作记忆卡片。我始终相信容易得到的都不会太珍惜，软件可以一键导入卡片，大脑却不能。

学习是一件值得珍惜的事情，只有亲力亲为才能体会其中的乐趣。如果你想掌握更多 Anki 的使用技能，可以到 B 站关注博主 AnkiChina 分享的 Anki 相关教学视频，特别是他分享的《Anki 从入门到精通》，将会由浅入深地带你认识 Anki，熟悉 Anki，精通 Anki。

除了上述几款知识管理软件，市场上还有诸如印象笔记、石墨文档、幕布、有道云笔记等上百款受广大网友喜爱的软件工具，它们各有特色。

知识管理的本质不是用软件管理知识。我特别赞成天津师范大学王树义老师的观点："不要试图把软件中的每一个功能都发挥出来，更不要让自己的行为去符合某个软件设定的功能。要学会重器轻用，只使用软件最好的那一方面和最容易掌握的那一方面，然后把它们串接起来形成系统，发挥最大的功效。"

我们应该有一套自己的知识管理思维和模式，便于在用知识管理知识的基础上更好地使用知识。"知识网格化管理"是我结合自己的知识管理经验总结出来的一套知识管理方法，我用知识网格化思维去控制各类知识管理工具，让软件工具适配我的思维和需求，而不是我去适配工具。我坚信，只有弄清知识管理的底层逻辑，才能在不断学习与思考的过程中成就更厉害的自己。

后　记

　　尽管我一直热衷于个人知识管理，但从未想过要把自己的经验写成一本书。我曾在"智元共读营"分享过阅读、写作与知识管理，"鼹鼠的土豆"老师说个人知识管理是个蓝海，我的经验值得分享给更多的人。刚开始，我认为这只是客套的鼓励，因为我觉得自己使用的这些方法并不高深，只是一些简单的常识，在小范围内分享一下就可以了。

　　不承想，她三番五次和我讲："很多时候，你以为的常识，对别人来讲，就是知识。"这句话着实改变了我的认知，在征求共读营书友的意见后，我下定决心写这本书。在"鼹鼠的土豆"引荐下，我认识了智元微库的策划编辑刘艳静老师，她是一个非常负责任的人，经常与我畅聊到深夜，给我提供了很多启发思路的写作建议。

　　当然，写这本书还源于我与 flomo 创始人少楠老师的一个约定。我在使用 flomo 后，非常喜欢这款轻量化的知识管理软件。于是，我说一定要用 flomo 写本书。在写作过程中，他给了我很多支持，比如送给我 flomo 会员，给我提供写作素材，审核有关 flomo 的内容。现在这本书写完了，我兑现了自己的承诺，但他还欠我一碗河南烩面，希望 2023 年能兑现。

同时，要特别感谢 Anki 中国站长鸿鹄老师，在高烧 39℃的情况下给我讲 Anki 的使用技巧，无私地把自己讲解 Anki 的逐字稿和课件分享给我，并对我的写作提出了宝贵建议。特别感谢笔记工具爱好者蚕子老师，在 Obsidian 社群相遇后，很少联系。但是听闻我在书中介绍这款笔记软件时，毫不犹豫地给我提供技术指导。感谢百晓生联盟创始人李新海老师提供的支持及鼓励。

还要感谢"一块写写"创始人雪舞梅香和"格格读书会"创始人格格，她们一直是我写作路上的坚强后盾，总是无条件地支持我，并在我沮丧时听我倾诉，做我的负能量回收站。

特别感谢王树义老师为本书作序；特别感谢战隼老师向读者推荐本书。我与两位老师未曾有过交集，但均给了我莫大支持，感谢两位老师的慷慨提携。

感谢这些年在读书写作路上相遇的各位书友，你们总是包容我的错误，却无限放大我偶尔"蒙"对的几个观点，用这种包容和鼓励的方式给我正向反馈，让我有勇气大胆分享。

最后，感谢购买本书的读者，我们因这本书而相遇，希望我们能从此结缘，我真诚地邀请你一起读点书、写点文，做个有情怀的人。

参考文献

[1] 申克·阿伦斯.卡片笔记写作法：如何实现从阅读到写作 [M].陈琳，译.北京：人民邮电出版社，2021.

[2] 克里斯托弗·莫林，帕特里克·任瓦茨.销售脑科学：洞悉顾客，快速成交 [M].李婷婷，施芒素，译.北京：人民邮电出版社，2020.

[3] 刘君祖.刘君祖完全破解易经密码 [M].上海：上海三联书店，2015.

[4] 释若.写作公式：新媒体写作从入门到精通 [M].北京：北京大学出版社，2021.

[5] 联合国教科文组织总部.教育：财富蕴藏其中 [M].联合国教科文组织总部中文科，译.北京：教育科学出版社，1996.

[6] 邓斌.华为学习之法：赋能华为的8个关键思维 [M].北京：人民邮电出版社，2021.

[7] 罗德·布雷默.如何成为学霸 [M].李利莎，译.北京：中国友谊出版公司，2019.

[8] 维克托·迈尔·舍恩伯格，肯尼斯·库克耶，弗朗西斯·德维西库.框架思维 [M].唐根金，译.北京：中信出版集团，2022.

[9]　王阳明 . 传习录 [M]. 张靖杰，译注 . 南京：江苏凤凰文艺出版社，2015.

[10] 陈洪澜 . 论知识分类的十大方式 [J]. 科学学研究，2007（1）：26-31.

[11] 吉姆·奎克 . 无限可能：快速唤醒你的学习脑 [M]. 王小皓，译 . 北京：人民邮电出版社，2020.

[12] 史蒂芬·柯维，罗杰·梅里尔，丽贝卡·梅里尔 . 要事第一 [M]. 刘宗亚，王丙飞，陈允明，译 . 北京：中国青年出版社，2010.

[13] 赵涵 . 涵解：无畏真实 [M]. 北京：人民邮电出版社，2021.

[14] 德内拉·梅多斯 . 系统之美：决策者的系统思考 [M]. 邱昭良，译 . 杭州：浙江人民出版社，2012.

[15] 笛卡尔 . 谈谈方法 [M]. 王太庆，译 . 北京：商务印书馆，2000.

[16] 张华 . 世界是我们的课堂：培养孩子面向未来的核心竞争力 [M]. 北京：人民邮电出版社，2021.

[17] 查尔斯·汉迪 . 第二曲线：跨越"S 型曲线"的二次增长 [M]. 苗青，译 . 北京：机械工业出版社，2017.

[18] 艾伦·范恩，丽贝卡·梅里尔 . 潜力量：GROW 教练模型帮你激发潜能 [M]. 王明伟，译 . 北京：机械工业出版社，2015.

[19] 野中郁次郎，绀野登 . 创造知识的方法论 [M]. 马奈，译 . 北京：人民邮电出版社，2019.

[20] 约瑟夫·M. 威廉姆斯，格雷戈里·G. 科洛姆 . 论证的艺术 [M]. 闫佳，译 . 北京：人民邮电出版社，2022.

[21] 帕斯卡 . 思考的智慧：人是一根会思考的芦苇 [M]. 郭向南，编译 . 北京：北京联合出版公司，2020.